甜蜜美食"码"上来

美味又经典

舌尖上的旅行 世界美食DIY

甘智荣 / 主编

吉林科学技术出版社

图书在版编目（C I P）数据

舌尖上的旅行，世界美食 DIY / 甘智荣主编. -- 长春：吉林科学技术出版社，2015.10
（甜蜜美食“码”上来）
ISBN 978-7-5384-9893-6

Ⅰ. ①舌… Ⅱ. ①甘… Ⅲ. ①食谱 Ⅳ. ①TS972.12

中国版本图书馆 CIP 数据核字（2015）第 233524 号

舌尖上的旅行，世界美食DIY

Shejianshang De Lvxing，Shijie Meishi DIY

主　　编　甘智荣
出 版 人　李　梁
责任编辑　李红梅
策划编辑　吴文琴　陈　颖
封面设计　伍　丽
版式设计　伍　丽
开　　本　723mm×1020mm　1/16
字　　数　200千字
印　　张　14
印　　数　10000册
版　　次　2015年11月第1版
印　　次　2015年11月第1次印刷

出　　版　吉林科学技术出版社
发　　行　吉林科学技术出版社
地　　址　长春市人民大街4646号
邮　　编　130021
发行部电话/传真　0431-85635177　85651759　85651628
85677817　85600611　85670016
储运部电话　0431-84612872
编辑部电话　0431-85635185
网　　址　www.jlstp.net
印　　刷　深圳市雅佳图印刷有限公司

书　　号　ISBN 978-7-5384-9893-6
定　　价　29.80元

目录 Contents

Part 1

寻访欧式美食，感受欧罗巴的文化魅力

Part 2

饮食亚洲，深入探索亚洲美食的精髓

Part 3

美洲佳肴，包罗万象的“食尚”体验

Part 4

非洲风情美食，古朴中却不失异域风味

Part 5

探秘大洋洲，品味大自然的美食馈赠

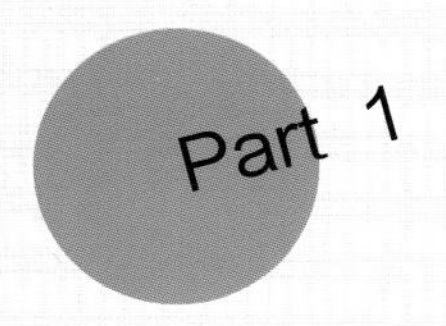

寻访欧式美食，感受欧罗巴的文化魅力

欧洲美食一向以精致、美味闻名世界，拥有品类繁多的华美菜式。不仅仅是牛肉、羊肉、鹅肝、蜗牛等荤菜让人胃口大开，就连奶酪、蛋糕、面包这些小吃都制作得精致无比，配上一杯葡萄酒细细品尝吧！

南瓜蔬菜浓汤

意大利　20分钟

原料

南瓜135克
西蓝花45克
洋葱35克
口蘑20克
西芹15克

调料

白糖2克
橄榄油适量
盐适量
鸡粉适量

tips

将西蓝花浸泡在清水中片刻，能更好地洗净。

做法

1

洗净去皮的南瓜去籽，切成片；处理好的洋葱切成丝。

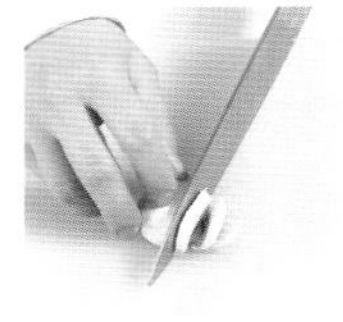

2

洗净的西蓝花切小朵；洗净的口蘑切片；洗好的西芹切细条。

3

奶锅中注入清水烧开，倒入西芹、部分洋葱、口蘑、西蓝花。

4

加入适量盐，搅拌匀，煮至断生，捞出食材，沥干水分。

5

奶锅中倒入橄榄油烧热，倒入洋葱，炒香。

6

倒入南瓜片，翻炒片刻，注入适量的清水。

7

盖上盖，大火煮开后转小火煮15分钟。

8

揭开盖，将煮好的汤盛入碗中。

9

备好榨汁机，倒入汤。

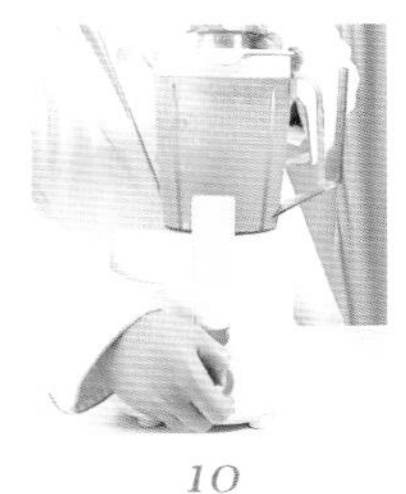

10

盖上盖，调转旋钮至2档，将食材打碎。

11

揭开盖，将汤倒入碗中，待用。

12

奶锅置火上，倒入汤，煮沸。

13

再倒入余煮好的食材，拌匀。

14

加入适量盐、白糖、鸡粉，搅拌均匀。

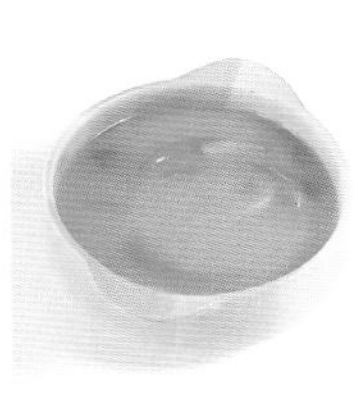

15

关火后将汤盛出装入碗中即可。

奶油芦笋汤

法国　20分钟

原料

土豆80克
芦笋10克
白洋葱碎70克
香叶少许
浓缩鸡汁10克
黄油8克
淡奶油8克

调料

鸡粉2克
盐少许

做法

1

洗净去皮的土豆切厚片，切条，再切小块。

2

洗净去皮的芦笋斜刀切成小段，待用。

3

将黄油倒入奶锅。

4

放入备好的洋葱、香叶，翻炒出香味。

5

倒入土豆，快速翻炒片刻。

6

加入芦笋，炒至食材变软，注入适量的清水。

7

加入浓缩鸡汁，拌匀，煮至沸腾，用小火煮15分钟。

8

将汤盛入碗中，捡去香叶。

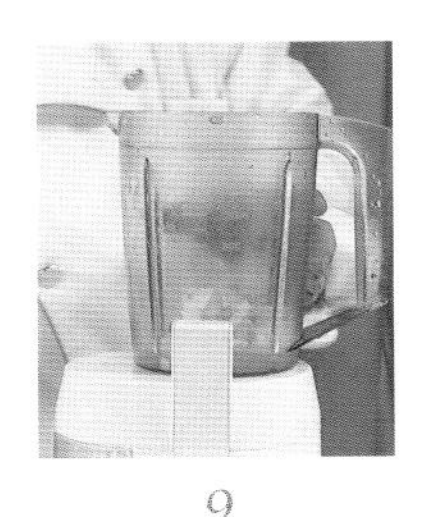

9

备好榨汁机，倒入汤，盖上盖，将食材打碎。

10

掀开盖，将汤倒入碗中，待用。

11

奶锅中倒入汤，小火煮沸，加入盐、鸡粉，拌匀。

12

倒入淡奶油，充分搅拌均匀。

13

关火后将煮好的汤盛出装入碗中即可。

法式家常西红柿汤

法国　15分钟

西红柿40克，洋葱30克，土豆80克

橄榄油5毫升，盐2克，白糖3克，鸡粉少许

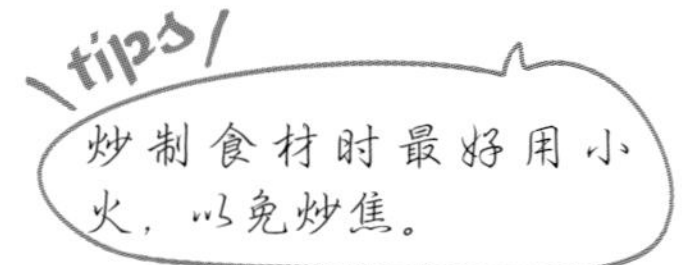

1. 洗净去皮的土豆切片，再切小块；处理好的洋葱对半切开，切成丝；洗净的西红柿切成瓣儿，待用。
2. 奶锅倒入橄榄油烧热，倒入洋葱，爆香。
3. 加入西红柿、土豆，翻炒均匀。
4. 再注入适量清水，盖上盖，用小火煮10分钟至熟透。
5. 掀开盖，将煮好的汤盛入碗中，待用。
6. 备好榨汁机，倒入食材，盖上盖，将旋钮调至1档，将食材打碎，将打碎的食材倒入碗中。
7. 奶锅置于火上，倒入打碎的食材，加热片刻。
8. 加入盐、白糖、鸡粉，搅拌调味，关火后将煮好的汤盛出，装入碗中即可。

奶油蘑菇汤

斯洛伐克　20分钟

原料

口蘑90克，洋葱30克，黄油40克，淡奶油70克

调料

白兰地5毫升，盐2克，白糖2克，鸡粉少许

做法

1 洗净的口蘑切成片；处理好的洋葱对半切开，切成丝。
2 奶锅中倒入黄油，搅拌至融化，倒入洋葱丝，翻炒出香味。
3 倒入口蘑片，翻炒均匀，淋上白兰地，注入适量清水，搅拌匀。
4 盖上盖，大火煮开后转小火煮15分钟。
5 关火后将汤盛出装入碗中，待用。
6 备好榨汁机，倒入煮好的汤，盖上盖，调转旋钮至2档，将食材打碎，倒入碗中。
7 奶锅置火上，倒入汤，煮开，加入盐、白糖、鸡粉，搅拌调味。
8 倒入备好的淡奶油，边煮边搅拌，关火后将煮好的汤盛入碗中即可。

tips
奶油可边倒边搅拌，口感会更顺滑。

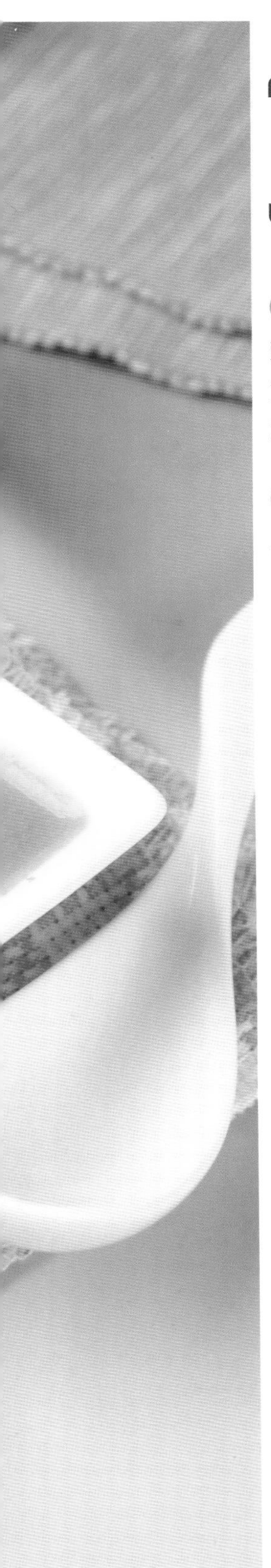

青豆奶油浓汤

瑞典 20分钟

原料

豌豆85克
黄油40克
淡奶油70克

调料

盐2克
白糖少许
鸡粉少许

做法

1 奶锅注入适量的清水大火烧开。

2 倒入豌豆，加入适量盐，煮至沸，倒入黄油。

3 盖上盖，大火煮开后转小火煮15分钟。

4 关火，揭开盖，将汤盛入碗中，待用。

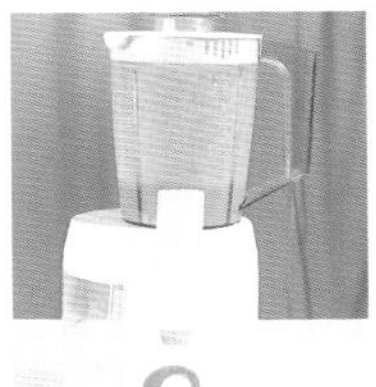

5 备好榨汁机，倒入汤，调转旋钮至2档，将食材打碎。

6 揭开盖，将汤倒入碗中，待用。

7 将汤倒入奶锅内，开火加热。

8 加入盐、白糖、鸡粉，搅拌调味。

9 再倒入淡奶油，稍煮片刻，将汤盛出即可。

西班牙冷汤

西班牙　2分钟

黄瓜100克，彩椒30克，洋葱15克，西红柿50克，辣椒汁10克，

番茄酱40克

1 洗净的黄瓜对半切开，去瓤，切条，切丁。
2 洗净的彩椒切开，去籽，切成小丁块。
3 处理好的洋葱切开，再切丁。
4 洗净的西红柿切开，切瓣儿，待用。
5 备好榨汁机，倒入切好的彩椒、黄瓜。
6 再倒入西红柿、洋葱，加入番茄酱、辣椒汁。
7 盖上盖，调转旋钮至1档，将食材打碎。
8 打至汤汁状，倒入备好的碗中即可。

tips

冷汤在食用前可以冷藏片刻，口感会更清爽。

简易罗宋汤

原料

洋葱丁40克，土豆丁40克，西红柿丁40克，胡萝卜丁40克，包菜丁40克，牛肉丁80克，姜片、葱花、蒜末各少许，高汤适量

盐2克，胡椒粉3克，鸡粉3克，芝麻油、食用油、番茄酱各适量

1 锅中注水烧开，放入牛肉丁，煮至变色，捞出，过冷水，待用。
2 热锅注油烧热，放入姜片、蒜末，爆香。
3 倒入汆过水的牛肉丁，炒香。
4 放入西红柿丁，炒匀炒香，加入备好的高汤。
5 倒入胡萝卜、洋葱、包菜、土豆，搅拌均匀。
6 用大火煮约15分钟至食材熟软。
7 加盐、鸡粉、胡椒粉、芝麻油、番茄酱调味，拌煮片刻至汤汁入味。
8 关火后盛出煮好的汤料，装入碗中，撒上葱花即可。

意式浓汤

意大利 122分钟

原料

牛肉230克
南瓜140克
玉米120克
青椒25克
洋葱50克
胡萝卜60克
西红柿70克
西芹85克
意大利调料少许
奶油少许
香叶少许

番茄酱10克
黑胡椒粉2克

1

将洗净的西芹切长段；洗好的西红柿切成瓣。

2

洗净去皮的胡萝卜切开，再切条形，改切成块。

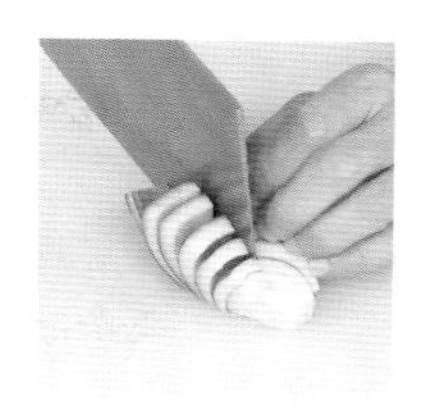

3

洗好的洋葱切片；洗净的玉米切段。

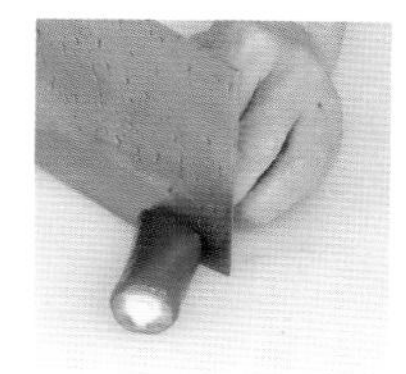

4

洗好的青椒切成长段。

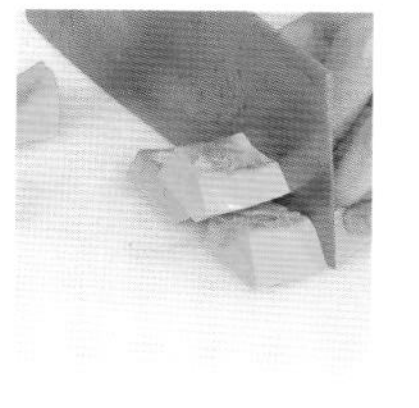

5

洗净去皮的南瓜切开，再改切成大块。

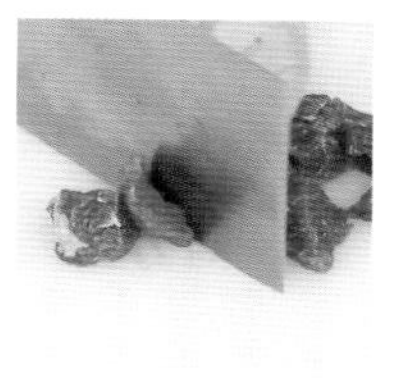

6

洗好的牛肉切条形，再切成块，备用。

7

锅置火上，倒入切好玉米、胡萝卜，放入西芹段、西红柿块。

8

倒入南瓜块，放入洋葱片、青椒段，加入切好的牛肉块。

9

撒上洗净的香叶，倒入意大利香草调料，注入适量清水。

10

盖上盖，烧开后用小火煮约2小时，至食材完全熟透。

11

揭盖，加入适量番茄酱，拌匀，撒上黑胡椒粉。

12

再倒入备好的奶油，搅匀，用大火煮出奶香味。

13

关火后盛出煮好的意式浓汤，装入碗中即成。

tips
牛尾可先用橄榄油略微煎过，味道会更好。

西式牛尾汤

俄罗斯　100分钟

胡萝卜150克
欧芹6克
牛尾120克
西红柿10克
洋葱10克
黄油8克
红酒20毫升
香叶少许
百里香少许

1

洗净去皮的胡萝卜切成粒；择洗好的欧芹叶切小段，茎部切粒。

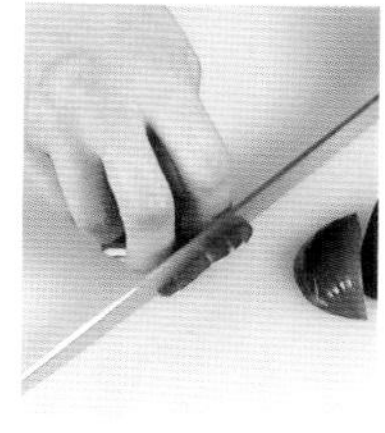

2

处理好的洋葱切丝；洗净切片的西红柿切条，切成粒。

3

将适量黄油倒入奶锅，烧至黄油融化。

4

放入洋葱丝、欧芹段、胡萝卜片、香叶、百里香，炒出香味。

5

倒入牛尾，翻炒出香味，注入适量清水。

6

煮开后转小火煮1个半小时，将牛尾夹出装入盘中，放凉待用。

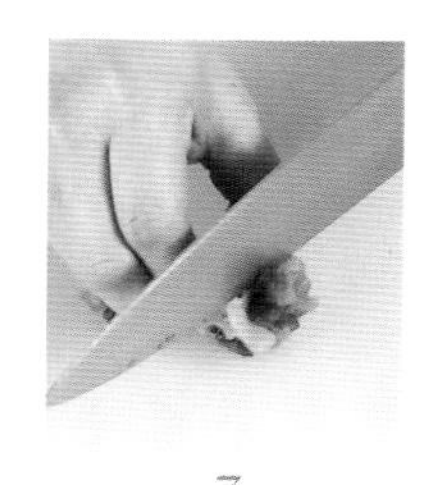

7

把锅内的汤汁倒入大碗内；将牛尾上肉剔下，切成小块。

8

黄油倒入锅中，拌至融化。

9

放入胡萝卜粒、欧芹粒、西红柿丁、洋葱粒，翻炒香。

10

倒入红酒，拌匀，倒入牛尾汤，大火煮开，加入牛尾肉。

11

盖上盖，续煮约10分钟，掀开盖，将煮好的汤盛入盘中即可。

tips
柠檬片不宜煮太久，不然容易有酸苦味。

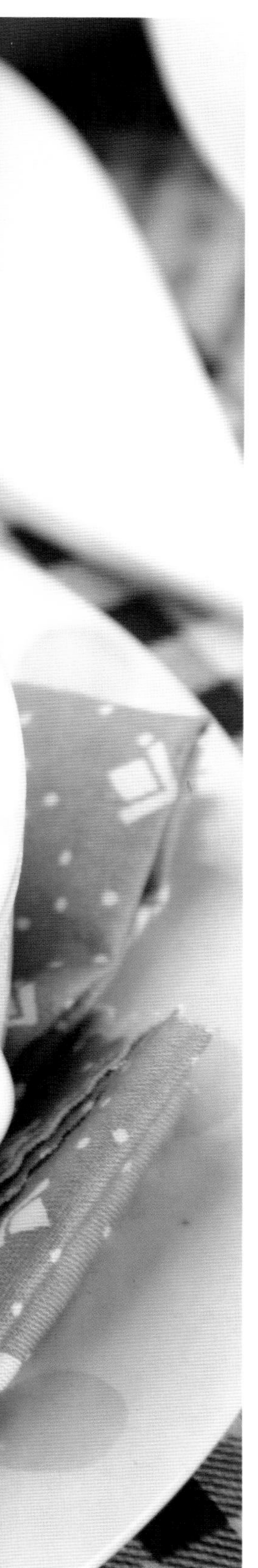

北欧式三文鱼汤

芬兰　5分钟

土豆丁80克
三文鱼块70克
洋葱丁20克
欧芹叶15克
柠檬片15克
迷迭香10克
淡奶油35克
罗勒碎10克
西蓝花50克

盐2克
黑胡椒粉2克
鸡汁5克
橄榄油适量

1

锅置火上，淋入橄榄油，烧热，放入洋葱丁，翻炒数下。

2

放入土豆丁、西蓝花，炒匀。

3

注入适量清水至稍稍没过食材。

4

煮约1分钟，再放入罗勒碎、迷迭香，搅匀。

5

将欧芹叶撕碎，放入锅中。

6

加入柠檬片，搅拌片刻至酸味析出，放入三文鱼块，搅匀。

7

加入黑胡椒粉、盐，拌匀。

8

倒入鸡汁，搅匀调味，倒入淡奶油，搅匀。

9

煮1分钟至汤味浓郁，关火后盛入碗中即可。

炸黑椒猪排

德国　3分钟

原料

里脊肉300克
芹菜叶15克
胡萝卜15克
白洋葱10克
面粉20克
鸡蛋40克
辣椒粉2克
黑胡椒4克

调料

鸡粉2克
盐2克
生粉10克
生抽适量
食用油适量

做法

1 将洗净的里脊肉去除筋膜，切成厚片。

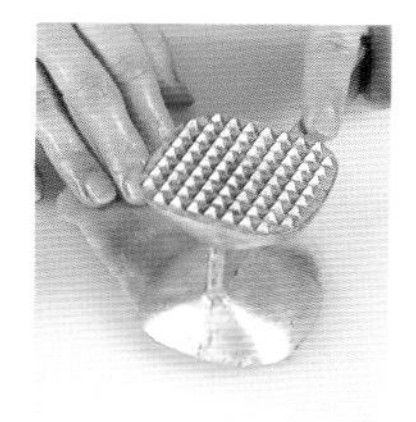

2 用扒锤将肉片打松，待用。

3 择洗好的芹菜叶切碎；去皮的胡萝卜切细丝；白洋葱切细丝。

4 取一个大碗，倒入芹菜叶、白洋葱、胡萝卜。

5 加入适量盐、鸡粉、黑胡椒，倒入生粉，将食材抓匀。

6 注入清水，放入生抽、肉片、食用油，抓匀，腌渍片刻。

7 取一个碗，倒入10克面粉，放入鸡蛋、辣椒粉、黑胡椒，拌匀。

8 注入适量清水，加入盐、鸡粉、食用油，拌匀，制成酱料。

9 将腌渍好的肉片拍上面粉，再裹上酱料，待用。

10 热锅注入适量食用油，大火烧至七成热。

11 放入肉片，稍稍搅拌，将两面炸至金黄色，盛入盘中。

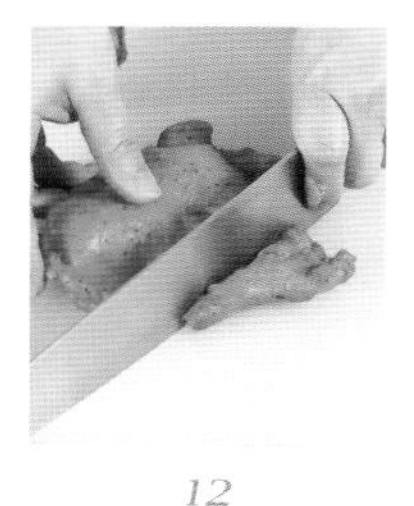

12 待猪排放凉，将四边修齐。

13 将猪排装入盘中，摆上少许杂蔬做装饰即可。

瑞典肉丸

瑞典　13分钟

原料

猪肉末200克
牛肉100克
芹菜30克
胡萝卜140克
花菜40克
洋葱碎20克
鸡蛋40克
奶酪适量
面包糠适量

调料

盐3克
鸡粉2克
黑胡椒适量
橄榄油适量
食用油适量
水淀粉适量

tips

肉末中可多掺一些肥肉，会更美味多汁。

做法

1

择洗好的芹菜切粒；洗净去皮的胡萝卜切成粒。

2

洗净的牛肉切成片，切块，最后剁碎。

3

取一个碗，倒入猪肉末、牛肉碎、胡萝卜、洋葱碎。

4

加入芹菜粒，放入面包糠，加入适量盐、鸡粉。

5

再加入黑胡椒、水淀粉，打入鸡蛋，淋入橄榄油，用手抓匀。

6

备好榨汁机，将拌好的食材倒入榨汁杯，开1档将食材打碎。

7

掀开盖，将打碎的肉馅全部倒入碗中。

8

将打碎的肉馅逐一捏制成肉丸，待用。

9

热锅注入足量油烧热，放入肉丸，炸至两面呈焦黄色。

10

将炸好的肉丸盛出装入盘。

11

锅中注入橄榄油烧热，倒入洋葱、胡萝卜、芹菜，炒香。

12

放入备好的花菜，翻炒均匀。

13

注入少许清水，炒匀，加入盐、鸡粉，炒匀。

14

将奶酪倒入，翻炒至融化。

15

倒入炸好的肉丸，翻炒均匀，将肉丸盛出装入盘中即可。

德国咸猪手

德国　2小时30分

原料

猪肘子1只（500克）
百里香草适量
白兰地50毫升
月桂叶少许

调料

盐4克
黑胡椒粉6克
叉烧酱适量
蜂蜜适量
橄榄油适量

做法

1

取百里香草，取下叶子。

2

将白兰地浇在处理好的猪肘子上，再撒上黑胡椒粉，抓匀。

3

撒上百里香草，再次抓匀。

4

再往猪肘子上撒上盐，用手抓匀，腌渍3天，待用。

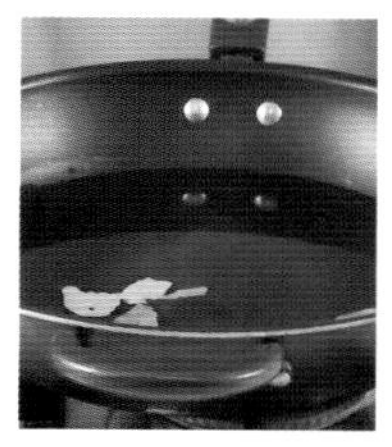

5

热锅注入清水，放上月桂叶。

6

再放入腌好的猪肘子。

7

加盖，大火煮开后转中小火煮2小时。

8

揭盖，捞出煮好的猪肘子，装入盘中，待用。

9

取一碗，放入蜂蜜、叉烧酱，淋上橄榄油，拌匀，制成蜂蜜酱。

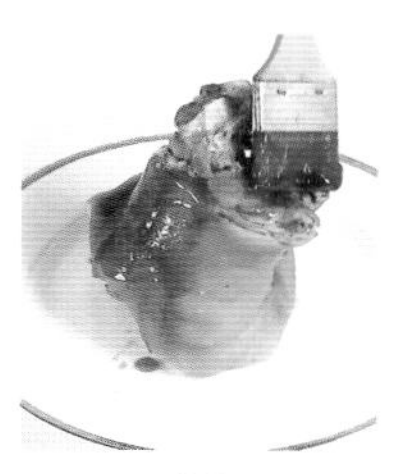

10

将蜂蜜酱均匀刷在猪肘子表面上，待用。

11

备好烤箱，放入猪肘子。

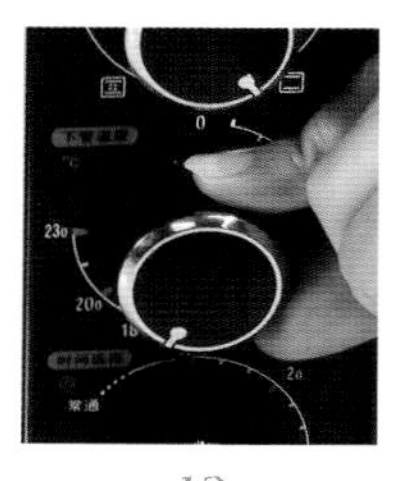

12

关上箱门，将上火温度调至200℃，下火温度调至180℃，烤30分钟。

13

打开箱门，取出猪肘子，另取盘装好即可。

tips

牛腩事前腌渍片刻，食用的时候口味更好。

红烩牛肉

比利时　100分钟

牛腩200克
去皮胡萝卜100克
洋葱70克
去皮土豆90克
西红柿50克
红酒70毫升
香叶2片

盐3克
鸡粉3克
黑胡椒粉3克

1

土豆切成滚刀块；胡萝卜对半切开，切小块。

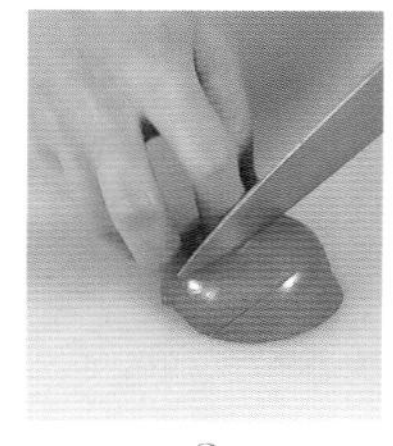

2

洗净的洋葱切块；洗净的西红柿切成瓣；牛腩切大块。

3

热锅注入清水，放上香叶。

4

加适量盐、鸡粉、黑胡椒粉，倒入牛腩，拌匀。

5

加盖，大火煮开转小火煮1个半小时。

6

揭盖，倒入胡萝卜、土豆，淋上红酒，炒匀。

7

注入适量的清水，加盖，大火煮开，转小火煮至沸腾。

8

揭盖，倒入洋葱、西红柿，炒匀。

9

加盐、鸡粉，充分拌匀入味。

10

加盖，小火煮至食材熟软。

11

揭盖，充分拌匀，将煮好的菜肴盛入碗中即可。

芦笋牛肉卷

法国 5分钟

原料

芦笋300克，牛肉150克，蛋黄酱15克，番茄酱10克

调料

蚝油10克，生抽10毫升，浓缩鸡汁、水淀粉、盐、白糖、鸡粉、生粉、黑胡椒、食用油各适量

做法

1 洗净去皮的芦笋从中间斜刀切成同等的两段；备好的牛肉切成均匀的片状。
2 牛肉装入盘中，加入适量盐，撒上白糖、鸡粉，再放入生粉、黑胡椒、生抽，淋入食用油抓匀，腌渍至入味。
3 锅中注入清水烧热，加入盐、食用油，搅拌煮至沸，倒入芦笋，煮至断生，夹出芦笋，沥干水分。
4 平底锅注油烧热，放入牛肉片，煎至熟，盛出，装入盘中。
5 用牛肉片逐一将芦笋段卷起，摆入盘中，再将剩余的芦笋摆入盘中装饰。
6 奶锅倒入食用油烧热，倒入番茄酱、生抽、蚝油，拌匀。
7 倒入浓缩鸡汁、水淀粉，搅拌匀，制成酱汁。
8 将酱汁浇在芦笋牛肉卷上，摆放上蛋黄酱即可。

香草烤羊排

 法国 5分钟

原料

羊排180克，迷迭香3克，红酒30毫升，黄油10克，蒙特利牛排料5克

调料

生粉3克，生抽3毫升，鸡粉2克，橄榄油适量

做法

1 处理好的羊排中放入备好的蒙特利牛排料，加入鸡粉，搅拌均匀。
2 淋入橄榄油、红酒，加入迷迭香。
3 再加入生粉、生抽，用手抓匀，腌渍片刻。
4 热锅中放入备好的黄油，待其烧化，放入腌渍好的羊排，煎出香味。
5 将羊排翻面，煎至两面焦黄。
6 关火，取一个盘子，做上装饰，将煎好的羊排盛出装入盘中即可。

tips

红酒可事先煮沸后再使用，口感会更好。

红酒烩鸡肉

法国　30分钟

原料

鸡胸肉250克
土豆200克
胡萝卜120克
洋葱20克
红酒40毫升
黄油10克
香叶适量
芹菜适量
迷迭香适量
蒜瓣适量

调料

盐3克
鸡粉2克
番茄酱适量
白胡椒粉适量
生粉适量
黑胡椒适量
橄榄油适量

做法

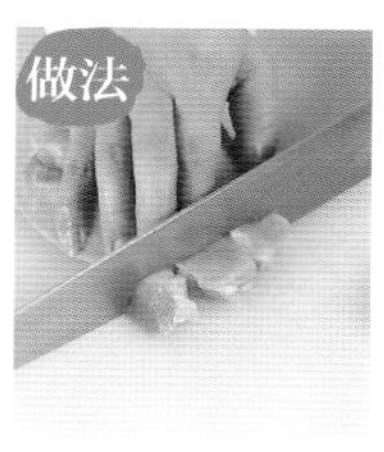

1 处理好的鸡胸肉切成大块；洗净去皮的土豆切成小块。

2 洗净去皮的胡萝卜切成小块；择洗好的芹菜切成小段。

3 处理好的洋葱切开，切成小块；备好的蒜瓣切成碎末。

4 取一个大碗，放入鸡肉块，淋入橄榄油。

5 加入黑胡椒、迷迭香，撒上白胡椒粉，放入适量盐、鸡粉。

6 淋上适量红酒，放入生粉用手抓匀，腌渍片刻。

7 热锅中倒入黄油，烧至融化。

8 放入腌渍好的鸡肉块，煎至两面呈金黄色。

9 倒入胡萝卜、洋葱、芹菜、香叶翻炒均匀。

10 再将土豆倒入，翻炒片刻，倒入蒜末，翻炒香。

11 淋入红酒，翻炒匀，注入适量清水，搅拌匀。

12 煮开后转小火焖20分钟，加入番茄酱、鸡粉、盐，翻炒收汁。

13 盖上盖，续焖5分钟至入味，将焖好的鸡肉盛出装入碗中即可。

tips
鸡胸肉提前汆煮至转色，
可以缩短烹饪的时间。

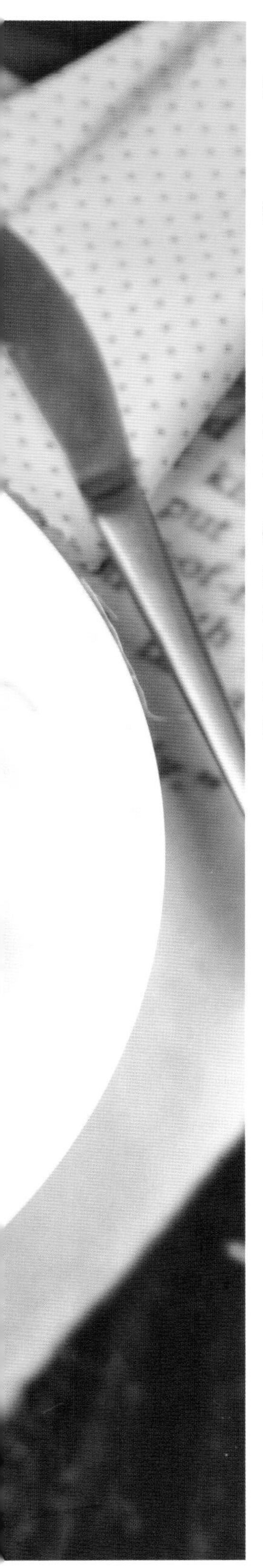

香煎意大利芹黄油鸡排

意大利　3分钟

鸡胸肉250克
面粉20克
意大利芹15克
黄油适量

黑胡椒粉3克
盐3克
鸡粉3克
白葡萄酒30毫升
橄榄油适量

1

洗净的鸡胸肉切成两块。

2

洗净的意大利芹切碎。

3

取一碗，倒入鸡胸肉、芹菜碎。

4

加入黑胡椒粉、盐、鸡粉、橄榄油，拌匀。

5

淋上白葡萄酒。

6

充分拌匀，腌渍至入味。

7

热锅中放入黄油，加热至融化。

8

倒入鸡胸肉，撒上面粉，将鸡胸肉煎至两面呈焦黄色。

9

将煎好的鸡胸肉盛入盘中即可。

tips
可用黄油替代橄榄油煎制鸡扒，味道会更香。

黑椒鸡扒

法国　11分钟

原料

鸡腿220克
香叶2片
蒜末30克
洋葱碎30克
黑胡椒粉20克
迷迭香10克

盐1克
鸡粉1克
红酒10毫升
生抽5毫升
橄榄油15毫升

1

洗净的鸡腿去骨取肉，在鸡腿肉上划几道十字花刀，制成鸡扒。

2

取空碗，倒入黑胡椒粉、蒜末和洋葱碎。

3

放入香叶、迷迭香、盐、鸡粉。

4

淋入5毫升的橄榄油。

5

加入生抽。

6

倒入红酒，搅拌均匀。

7

放入鸡扒拌匀，腌渍至入味。

8

锅置火上，淋入10毫升橄榄油烧热，放入腌好的鸡扒。

9

煎至鸡扒两面焦黄熟透，中途需翻面2～3次。

10

关火后将煎好的鸡扒装盘，稍稍放凉。

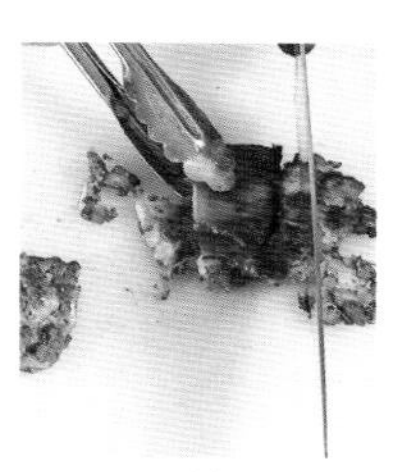

11

将稍稍放凉的鸡扒切大块，摆盘即可。

tips
往鸡胸肉中加入适量的
酒，可以去除异味。

蓝带鸡扒

法国　13分钟

原料

面包糠80克
鸡胸肉130克
火腿片1片
芝士片1片
面粉40克
鸡蛋液50克

调料

盐3克
白胡椒粉3克
鸡粉3克
食用油适量

做法

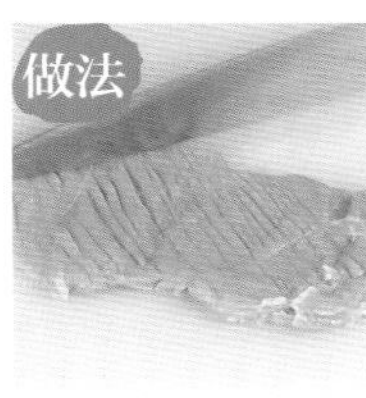

1

洗净的鸡胸肉横刀切成薄片，用刀背打上十字花刀，方便入味。

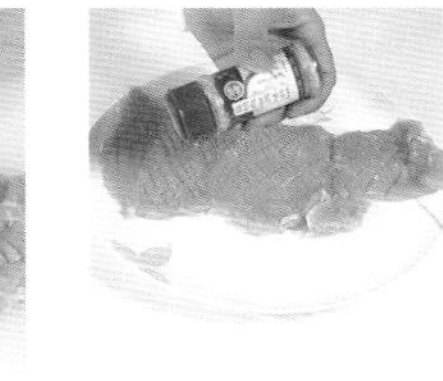

2

往鸡胸肉两面撒上盐、白胡椒粉、鸡粉，抹匀，腌渍片刻。

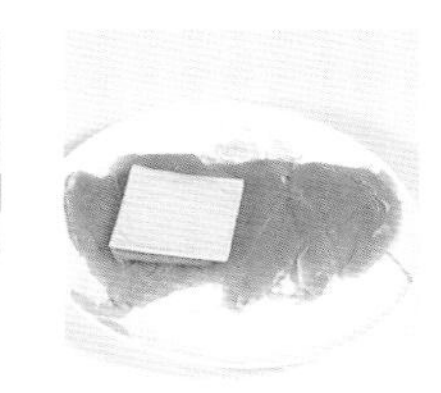

3

往鸡胸肉上均匀地铺上火腿片、芝士片。

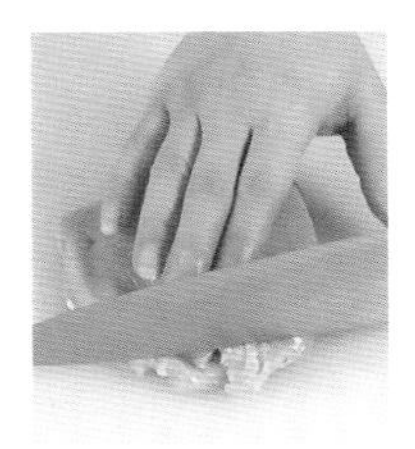

4

鸡胸肉内包裹好食材，用刀将鸡胸肉打压牢固。

5

取一大盘，倒入鸡蛋液。

6

往鸡胸肉上依次抹上面粉，裹上鸡蛋液，沾上面包糠，待用。

7

热锅注入适量的食用油，烧至七成热。

8

往油锅中放入鸡胸肉，炸至表面金黄色。

9

将油炸好的鸡胸肉放入装饰好的盘中即可。

香橙烤鸭胸

法国　21分钟

原料

鸭胸肉180克
洋葱10克
胡萝卜10克
香橙肉40克
西芹适量
大蒜适量
红葱头适量
香叶少许
迷迭香少许
黑橄榄适量
圣女果适量

调料

盐3克
黑胡椒4克
鸡粉2克
生抽4毫升
橄榄油5毫升
胡椒粉适量
白兰地适量
生粉适量

做法

1

洗净去皮的胡萝卜切丝；择洗好的西芹切细丝。

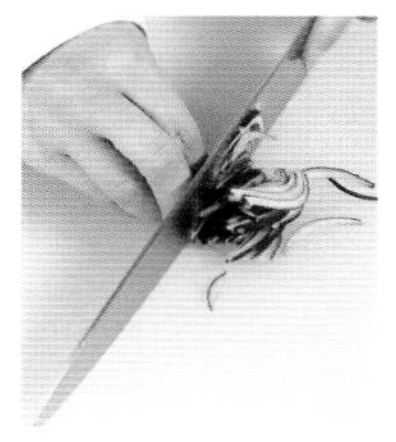

2

处理好的洋葱切成丝；红葱头切条；大蒜切碎。

3

取一个碗，放入洋葱、胡萝卜、西芹。

4

再放入蒜、红葱头、迷迭香、香叶，抓匀。

5

加入盐、黑胡椒、鸡粉、胡椒粉、生粉、白兰地、生抽。

6

注入清水，放入鸭胸肉用手抓匀，腌渍片刻。

7

热锅注入橄榄油烧热，放入鸭胸肉，煎出香味。

8

翻面，将两面煎出焦糖色。

9

烤盘上铺上锡纸，放入鸭胸肉，将烤盘放入烤箱中。

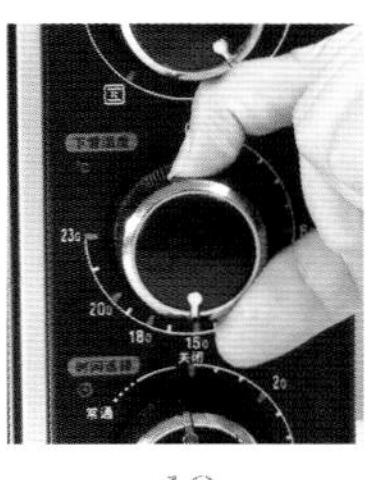

10

盖上烤箱门，上火调180℃，下火调150℃，烤20分钟。

11

打开烤箱门，将烤盘取出，把鸭肉切成片。

12

取一个盘子，做上装饰，放入香橙肉、鸭胸肉。

13

撒上黑橄榄、圣女果，摆上薄荷叶装饰即可。

tips
煎鸭肉时宜多翻动，否则容易煎老。

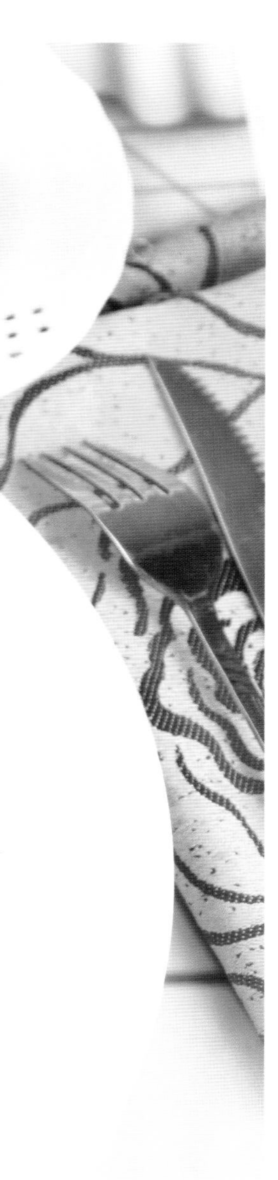

香草鸭胸

法国　5分钟

鸭胸肉280克
洋葱丝10克
蒜末适量
胡萝卜丝适量
西芹丝适量
迷迭香适量
香叶适量
蒜末适量
红葱头碎适量
西蓝花适量
圣女果适量

盐2克
鸡粉2克
黑胡椒2克
生抽4毫升
橄榄油适量
香草汁适量
生粉适量
白兰地适量
红酒适量

1

取一个碗，放入洋葱丝、胡萝卜丝、西芹丝、蒜末、红葱头。

2

再加入迷迭香、香叶，放入盐、鸡粉、黑胡椒、生粉。

3

淋入适量白兰地、红酒、生抽，再注入清水，用手抓匀。

4

放入处理好的鸭胸肉，用手抓匀，腌渍片刻。

5

热锅倒入橄榄油烧热，放入鸭胸肉，煎出香味。

6

将其翻面，将两面煎至焦糖色。

7

将煎好的鸭胸肉盛出，切成均匀的片状。

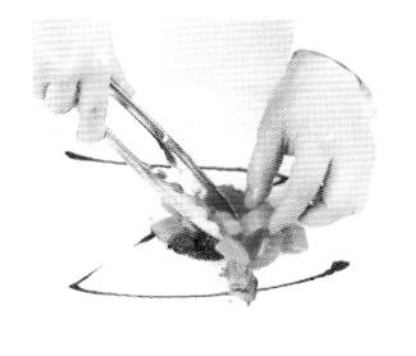

8

取一个大盘，放入西蓝花、圣女果、胡萝卜，做上装饰。

9

放入切好的鸭胸肉，淋上香草汁即可。

莳萝草烤银鳕鱼

意大利　8分钟

原料

银鳕鱼块100克，干莳萝草末少许

调料

盐2克，白胡椒粉3克，烧烤粉3克，烧烤汁5毫升，黑胡椒碎、橄榄油各适量

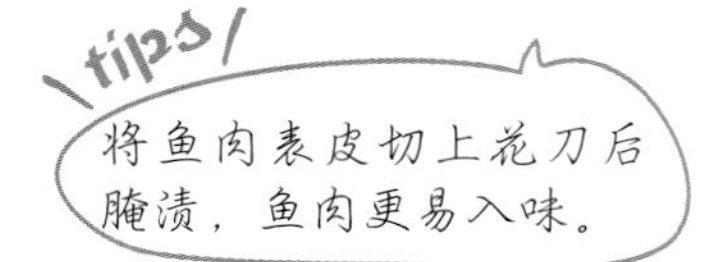

做法

1. 将洗净的银鳕鱼切开，去骨，装入盘中，待用。
2. 撒入适量盐、白胡椒粉、烧烤粉、干莳萝草末，抹匀。
3. 翻面，同样撒入适量盐、白胡椒粉、烧烤粉、干莳萝草，抹匀。
4. 把银鳕鱼的两面抹上适量烧烤汁，腌渍5分钟，至其入味，备用。
5. 在烧烤架上刷适量橄榄油。
6. 将腌好的银鳕鱼放在烧烤架上，用中火烤3分钟至变色。
7. 翻面，撒入适量黑胡椒碎，用中火烤3分钟至熟。
8. 将烤好的银鳕鱼装入盘中即可。

香煎鳕鱼

葡萄牙　11分钟

原料

鳕鱼120克，低筋面粉150克，蛋液60克，柠檬片15克，牛奶50毫升

调料

盐2克，胡椒粉3克，食用油适量

做法

1 洗净的鳕鱼装盘，往鱼肉两面挤上柠檬汁。
2 再往鱼肉两面撒上盐、胡椒粉，涂抹均匀。
3 撒上低筋面粉，抹匀。
4 淋入蛋液，腌渍5分钟至鳕鱼入味，待用。
5 用油起锅，放入腌好的鳕鱼。
6 煎约2分钟至底部焦黄，翻面。
7 续煎约2分钟至鳕鱼两面焦香。
8 关火后将煎好的鳕鱼装盘，放上柠檬片做装饰，淋上牛奶即可。

酥炸鳕鱼排

英国　8分钟

原料

鳕鱼180克
面包糠130克
低筋面粉70克
蛋液65克
黄油40克
蒜末少许

调料

盐2克
鸡粉2克
胡椒粉2克
白兰地少许
食用油适量

做法

1

洗净的鳕鱼去皮，切小块。

2

将鳕鱼块装入盘中，加入1克盐、1克鸡粉，放入胡椒粉。

3

加入白兰地，拌匀，腌渍至入味，待用。

4

锅置火上，放入备好的黄油，加热片刻。

5

倒入蒜末，炒匀、爆香。

6

倒入面包糠，翻炒1分钟。

7

加入1克盐、1克鸡粉，炒匀。

8

盛出炒好的面包糠，装碗待用。

9

将腌好的鳕鱼块放入低筋面粉中，裹匀。

10

将裹上面粉的鳕鱼块再放入蛋液中，搅匀。

11

热锅中注入油，烧至七成热，放入裹上面粉和蛋液的鳕鱼块。

12

油炸约2分钟至鱼肉熟透，外表呈金黄色。

13

捞出，撒上面包糠，装饰即可。

橄榄油浸渍三文鱼

爱尔兰　6分钟

三文鱼100克，柠檬片10克，脐橙肉50克，红彩椒丁15克，黄彩椒丁15克，莳萝碎5克

盐2克，蜂蜜5克，橄榄油适量

1 洗净的三文鱼切成三块，待用。
2 往三文鱼中挤上柠檬汁。
3 撒上适量盐，加入莳萝碎，将鱼肉两面抹匀，腌渍片刻。
4 取一碗，倒入红彩椒丁、黄彩椒丁、脐橙肉。
5 倒入蜂蜜、橄榄油，撒上盐，充分拌匀，待用。
6 热锅注入适量的橄榄油，烧至五成热。
7 放入腌好的三文鱼，浸渍5分钟，使得食材基本熟透。
8 取出三文鱼，放入点缀好的盘中，旁边放上拌匀的彩椒和脐橙肉即可。

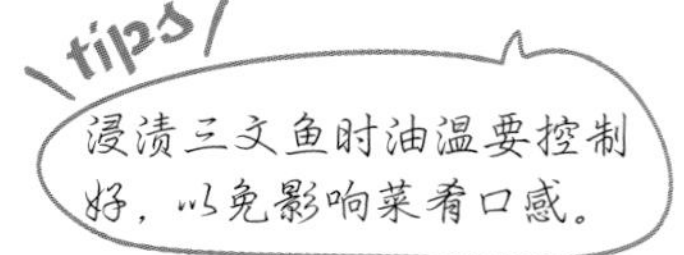

法式焗烤扇贝

法国 12分钟

原料

扇贝3个，面粉20克，奶酪碎40克，芹菜丁、洋葱碎、胡萝卜丁各30克，黄油40克，蒜末少许

调料

盐、鸡粉各1克，胡椒粉2克，橄榄油、白兰地各少许

做法

1 将扇贝肉装碗，加入1克盐、1克鸡粉，放入胡椒粉，加入面粉，拌匀，腌渍至其入味。

2 热锅中注入橄榄油，烧热，放入腌好的扇贝肉，煎约1分钟至底部微黄，翻面，续煎约2分钟至两面焦黄，中途需翻面1~2次，将煎至微熟的扇贝肉放入扇贝壳中。

3 洗净的锅置火上，放入黄油、蒜末，爆香片刻至黄油微微溶化。

4 倒入芹菜丁、洋葱碎和胡萝卜丁，翻炒约半分钟至食材微软。

5 倒入白兰地酒，翻炒均匀至香味浓郁。

6 关火后将炒好的香料放在煎好的扇贝肉上，均匀地撒上奶酪碎。

7 将扇贝肉放入烤箱中，上火调至150℃，选择“双管发热”功能，下火调至150℃，烤5分钟至熟。

8 取出烤好的扇贝，将焗烤扇贝装盘即可。

tips
白兰地加热去除酒精后
再使用，口感会更鲜甜。

法式洋葱酒虾

法国　6分钟

原料

基围虾120克
红椒20克
青椒20克
洋葱15克
白兰地30毫升
黄油10克
面粉少许
西生菜适量

调料

盐2克
鸡粉2克
胡椒粉适量

做法

1

洗净的红椒、青椒均切开，去籽，切条，切粒。

2

处理好的洋葱切成丝，再切粒。

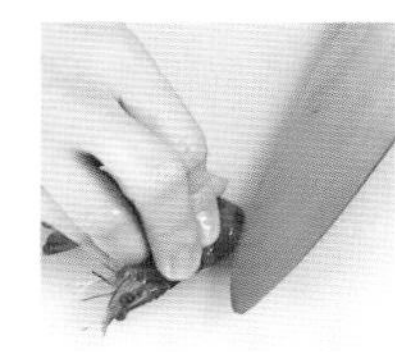

3

洗净的虾切去虾须，将背部切开，挑去虾线。

4

将虾装入盘中，放入盐、胡椒粉、面粉，抹匀，腌渍5分钟。

5

热锅放入适量黄油烧化，放入虾，煎至表面转色，盛出。

6

将黄油倒入热锅中，烧至融化。

7

倒入青椒、红椒、洋葱，翻炒出香味。

8

放入虾，加入鸡粉，炒匀，淋入白兰地，翻炒入味。

9

取一盘，随意装饰些西生菜铺在盘底，盛入虾，摆好造型即可。

炸薯条

英国　6分钟

去皮土豆200克，番茄酱45克

食用油适量

1 将土豆切成条。
2 将土豆条放入清水中浸泡一会儿，以去除多余淀粉。
3 沸水锅中放入泡好的土豆条，汆烫约2分钟至断生。
4 捞出汆烫好的土豆条，沥干水分，装盘待用。
5 锅中注入足量的油，烧至七成热，放入土豆条。
6 油炸约3分钟成金黄色。
7 关火后捞出炸好的土豆条，放在垫有厨房纸的盘中。
8 食用时根据个人喜好蘸取番茄酱即可。

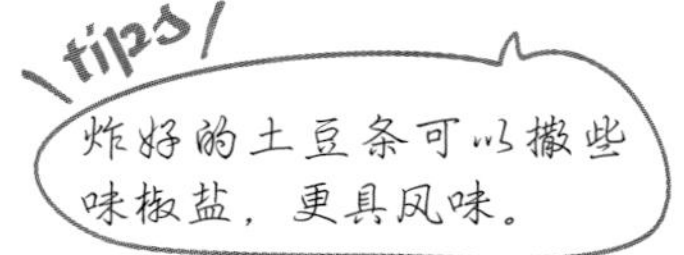

法式烩土豆

法国 10分钟

原料

土豆250克，洋葱15克，芹菜10克，白葡萄酒40毫升

调料

香叶、黑胡椒、橄榄油各适量

做法

1 洗净去皮的土豆切片，切条，切丁。
2 处理好的洋葱切条，切小块。
3 择洗好的芹菜切成小段，待用。
4 热锅注入适量橄榄油烧热，倒入洋葱块，炒香。
5 放入土豆，翻炒片刻。
6 注入适量的清水，拌匀煮沸后续煮5分钟。
7 放入备好的香叶，略煮片刻。
8 淋入白葡萄酒，搅拌煮至沸。
9 放入黑胡椒、芹菜段，翻炒入味。
10 将炒好的土豆盛出，装入盘中即可。

tips

煮土豆时可用筷子戳一下来查看熟的程度。

意式茄子炒蘑菇

意大利　5分钟

口蘑60克，西红柿150克，茄子200克，洋葱30克，芝士粉6克，番茄酱10克

鸡粉2克，盐、黑胡椒、橄榄油各适量

tips

茄子比较吸油，煎时可适量地多放点油。

做法

1 洗净的口蘑切成小块；洗净的西红柿对半切开，去蒂，切成小块。
2 处理好的洋葱切条，切成小块；洗净的茄子去皮，对半切开，修齐，切成条，切丁，待用。
3 锅中倒入橄榄油烧热，放入口蘑，煎至变软，盛入盘中，待用。
4 热锅注油烧热，倒入茄子，煎至焦黄色，盛入盘中。
5 用油起锅，倒入洋葱，炒香，加入口蘑、茄子，翻炒匀。
6 放入盐、鸡粉、黑胡椒，翻炒调味，倒入番茄酱、西红柿，翻炒至入味。
7 加入部分芝士粉，翻炒匀。
8 关火后将炒好的菜肴装入盘中，再撒上剩余芝士粉即可。

香煎杏鲍菇

法国 2分钟

杏鲍菇120克，黄油10克，黑胡椒适量

盐少许

1 洗净的杏鲍菇斜刀切成片，待用。
2 锅中倒入适量黄油，烧至融化。
3 放入杏鲍菇，煎至一面呈金黄色。
4 将其翻面，续煎片刻。
5 加入些许黄油，撒上适量盐。
6 撒上黑胡椒，略煎至入味。
7 将煎好的食材盛入盘中即可。

tips

煎杏鲍菇时不宜多翻动，以免影响口感。

菠菜沙拉

 法国 ⏰ 3分钟

原料

菠菜叶60克，蒜末8克，核桃仁10克，洋葱碎8克，红椒碎适量

调料

橄榄油、食用油各适量，盐、白糖各3克，白洋醋3毫升

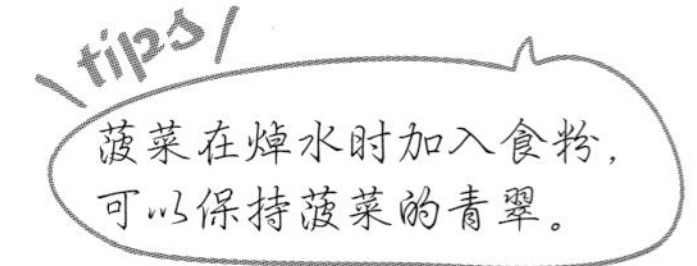

做法

1 沸水锅中加入适量的食用油。
2 倒入洗净的菠菜叶，焯煮至断生。
3 将菠菜叶捞出，放入碗中待用。
4 将洋葱碎、蒜末倒入菠菜叶中。
5 再加入盐、白糖、橄榄油、白洋醋，搅拌片刻，待用。
6 往备好的盘中放上压模，往压模中放入拌匀的菠菜叶，压平。
7 慢慢将压模取出，往菠菜叶上放上适量的红椒碎做点缀，旁边放上核桃仁即可。

洋葱蘑菇沙拉

意大利　5分钟

原料

黄瓜70克，洋葱30克，杏鲍菇70克，香菇50克，奶酪50克，口蘑40克，意大利香菜调料10克

盐2克，橄榄油4毫升，香醋4毫升，白糖2克，黑胡椒粉适量

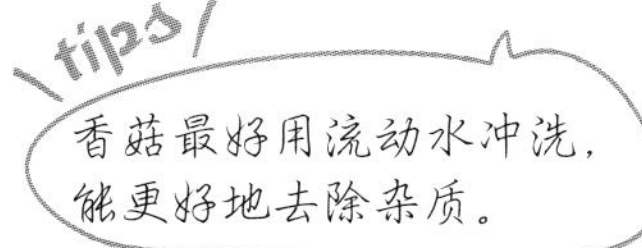

做法

1 洗净的杏鲍菇切成条；洗净的香菇去柄，切成条，再切丁。
2 洗净的口蘑切成片；备好的奶酪切成条，再切成块。
3 洗净的黄瓜切成条，再切丁；处理好的洋葱切成片。
4 锅中注入适量的清水，大火烧开，倒入杏鲍菇、香菇、口蘑，搅匀，氽煮至断生。
5 将食材捞出，沥干水分，再过一道凉水，待用。
6 取一个碗，倒入氽熟的食材、洋葱、黄瓜、奶酪，拌匀。
7 加入盐、黑胡椒粉、橄榄油，淋上香醋，放入白糖，搅拌至入味。
8 将拌好的沙拉装入盘中，撒上意大利香草调料即可。

tips
芦笋要削去老皮部分，
这样口感更加爽脆。

香草芦笋口蘑沙拉

法国　2分钟

原料

芦笋90克
口蘑90克
洋葱丝20克
迷迭香5克
红彩椒块20克
黄彩椒块20克
西生菜40克
蒜末20克

调料

盐3克
黑胡椒粉3克
白糖3克
蜂蜜5克
白洋醋5毫升
法国黄芥末10克
橄榄油适量

做法

1 洗净的口蘑切去柄部，再切片。

2 洗净的芦笋斜刀切片。

3 锅中注入适量清水烧开，加入适量盐。

4 倒入口蘑、芦笋，焯煮片刻至断生。

5 捞出焯煮好的食材，放入凉水中冷却。

6 将放凉的食材捞出放入盘中。

7 取一碗，倒入迷迭香、蒜末、洋葱丝、红彩椒块、黄彩椒块。

8 放入白洋醋、盐、黑胡椒粉、白糖、蜂蜜、法国黄芥末，拌匀。

9 倒入焯煮好的食材，加入洗净的西生菜，充分拌匀入味。

10 淋上适量的橄榄油，拌匀。

11 往备好的盘中摆放上西生菜，将拌入味的食材倒入其中即可。

凯撒沙拉

意大利　5分钟

原料

西生菜60克，面包丁40克，芝士粒8克，鳀鱼柳5克

调料

黄油、橄榄油、芝士粉各适量，蜂蜜5毫升，白洋醋3毫升，盐3克

做法

1 洗净的西生菜撕成小块，待用。
2 热锅倒入黄油，加热至融化。
3 放入面包丁，煎至金黄色。
4 将煎好的面包丁盛入盘中待用。
5 取一碗，倒入芝士粒、橄榄油、鳀鱼柳。
6 加入盐、蜂蜜，淋上白洋醋。
7 放上洗净的西生菜，拌匀。
8 将西生菜盛入备好的盘中，撒上面包丁以及芝士粉即可。

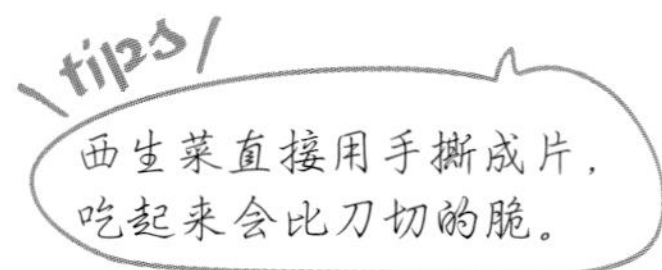

西生菜直接用手撕成片，吃起来会比刀切的脆。

番茄奶酪沙拉

德国 3分钟

原料

西红柿200克，西生菜50克，奶酪50克

调料

白洋醋5毫升，蜂蜜20克，黑胡椒粉、橄榄油各适量

做法

1 洗净的西生菜撕成长条。
2 奶酪修整齐，改切成片。
3 洗净的西红柿切片。
4 取一盘，交错摆放上西红柿、西生菜、奶酪，摆成一个圈，待用。
5 往备好的碗中倒入蜂蜜、白洋醋，加入黑胡椒粉，淋上适量的橄榄油。
6 充分拌匀，制成沙拉酱。
7 将制作好的沙拉酱淋在摆放好的食材上即可。

番茄芝士沙拉

希腊　3分钟

西红柿80克，生菜95克，芝士40克

盐2克，黑胡椒粉2克，白洋醋5毫升，橄榄油10毫升

做法

1 洗净的西红柿切滚刀块。
2 将洗好的部分生菜撕成小块。
3 芝士切小块，待用。
4 取空碗，倒入西红柿块和芝士块。
5 加入切好的生菜。
6 淋入橄榄油、白洋醋。
7 加入黑胡椒粉、盐，拌匀。
8 取空盘，放上洗净的完整生菜叶，倒入拌好的沙拉即可。

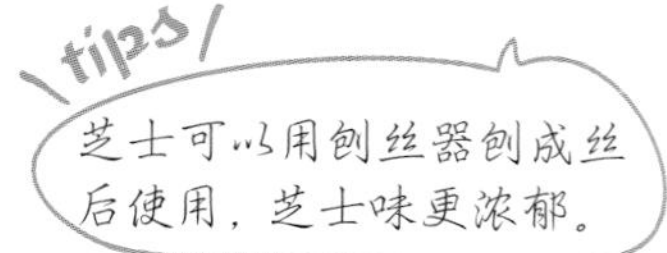

德式土豆鸡蛋沙拉

德国　3分钟

原料

熟土豆80克，红彩椒30克，培根60克，西生菜80克，熟鸡蛋1个

调料

食用油适量，沙拉酱适量

做法

1 洗净的红彩椒切成粗条，改切成小块。
2 熟土豆去皮，切厚片，切粗条，改切成丁。
3 熟鸡蛋切开，蛋白切开，蛋黄捏碎。
4 培根切粗条。
5 洗净的西生菜用手撕开。
6 热锅注油，放入培根，将其煎至焦黄色。
7 将煎好的培根取出放入盘中，待用。
8 取一盘，加入沙拉酱，倒入土豆、鸡蛋白，充分拌匀。
9 往备好的盘中，摆放上西生菜、放上拌好的土豆、鸡蛋白，铺上红彩椒、培根。
10 最后撒上鸡蛋黄碎即可。

tips

要用小火来煎培根，以防将培根煎煳，影响口感。

鲜橙三文鱼

挪威　12分钟

原料

三文鱼100克，柠檬30克，脐橙60克，洋葱丁15克，蒜末15克

调料

盐2克，橄榄油适量

做法

1 洗净的三文鱼斜刀切片。
2 洗净的脐橙部分切片，剩下的部分去皮取肉，将脐橙肉切成块，待用。
3 往三文鱼中放上洋葱丁、蒜末。
4 加入盐，挤上柠檬汁，淋上橄榄油，拌匀，腌渍10分钟。
5 往备好的盘中摆放上脐橙片。
6 摆放上压膜，往压膜里放入适量的三文鱼、脐橙肉。
7 再用适量的三文鱼盖住，压紧后取出压膜即可。

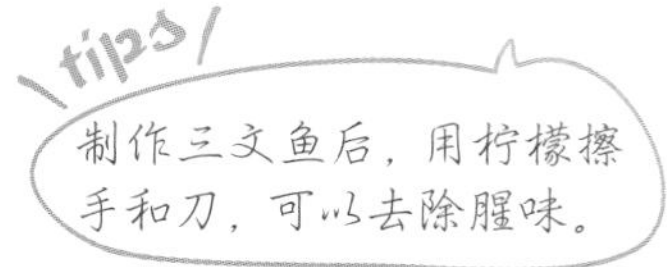

tips

制作三文鱼后，用柠檬擦手和刀，可以去除腥味。

牛油果三文鱼芒果沙拉

法国　5分钟

原料

三文鱼肉260克，牛油果100克，芒果300克，柠檬30克

调料

沙拉酱、柠檬汁各适量

tips

三文鱼放入冰箱急冻后再切片，会更容易些。

做法

1 洗净的牛油果切开，去皮，用模具压出圆饼状，再切成薄片，取部分薄片切成丁。
2 洗好去皮的芒果切开，用模具压出圆饼状，取部分圆饼改切成小丁块。
3 洗净的三文鱼切薄片，用模具压出圆饼状，把余下的鱼肉切成小丁块。
4 洗净的柠檬切开，部分切薄片，留小块，待用。
5 取一个干净的盘子，放入牛油果片，挤入沙拉酱。
6 再放入牛油果丁，铺开、摊平，挤上一层沙拉酱，放入芒果片，叠好。
7 再挤上适量沙拉酱，放入芒果丁，铺平，盖上三文鱼肉片，待用。
8 另取一个干净的盘子，摆入三文鱼沙拉，放上柠檬片，挤上少许柠檬汁即可。

意式肉丸饭

意大利 3分钟

原料

土豆150克，西红柿100克，牛肉丸100克，西芹20克，蒜片8克，热米饭120克，黄油适量

调料

盐2克，鸡粉2克，白糖3克，番茄酱、辣椒汁各适量

做法

1. 洗净去皮的土豆切片，切条，切丁。
2. 择洗好的西芹切条，切成小丁，待用。
3. 洗净的西红柿切成片，切条，切小丁。
4. 锅中倒入适量黄油加热至溶化，放入蒜片，爆香。
5. 倒入土豆、西芹，翻炒出香味，放入牛肉丸，注入适量清水煮沸。
6. 加入盐、鸡粉、白糖，翻炒调味，倒入西红柿，翻炒匀。
7. 加入少许番茄酱，翻炒匀，淋入辣椒汁，翻炒至入味。
8. 取一个大盘，将热米饭倒扣入其中，将炒好的食材盛出装入盘中即可。

西班牙风情炒饭

西班牙　6分钟

原料

冷米饭250克，青椒块40克，红椒块40克，西红柿60克，蒜末20克

调料

橄榄油适量，盐、鸡粉各3克，番茄酱5克

做法

1 热锅注入适量的橄榄油，倒入蒜末炒香。
2 倒入青椒块、红椒块，拌炒。
3 倒入米饭，压散，翻炒匀。
4 加入盐、鸡粉，炒匀入味。
5 挤上番茄酱，炒匀。
6 倒入番茄块，炒匀。
7 关火后，将炒好的米饭盛入盘中即可。

tips
煮意面时可加入适量盐，口感会更好。

意大利面

意大利　5分钟

熟意大利面200克
洋葱碎50克
蒜末20克
西芹碎8克
青椒碎10克
西红柿丁50克
肉末100克
番茄酱20克
黄油适量

鸡粉2克
盐2克
黑胡椒2克
橄榄油适量

1

热锅注入适量橄榄油烧热，倒入蒜末爆香。

2

倒入洋葱碎、西芹碎，翻炒至洋葱变透明。

3

再倒入青椒碎，快速翻炒均匀。

4

放入西红柿，翻炒匀，倒入肉末，翻炒匀。

5

倒入番茄酱，炒匀，加入少许黄油，炒至融化。

6

再注入适量清水，拌匀煮沸。

7

炒至收汁后放入鸡粉、盐，翻炒匀，撒入黑胡椒，翻炒调味。

8

将酱料盛出装入碗中，待用。

9

热锅倒入橄榄油烧热，放入番茄酱，翻炒香。

10

放入意大利面，加入盐、鸡粉，翻炒至入味。

11

将炒好的意面盛出，装入碗中，浇上酱料，做上装饰即可。

奶油芦笋烩意面

意大利　5分钟

原料

芦笋80克，洋葱块8克，蒜末5克，意大利面100克，红、黄彩椒片各少许，牛奶、黄油、淡奶油各适量

调料

盐3克，鸡粉3克，面粉水适量

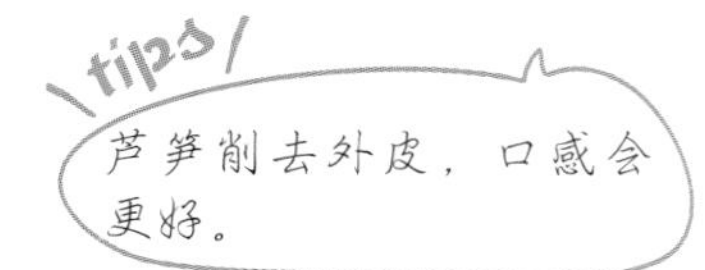

芦笋削去外皮，口感会更好。

做法

1 洗净的芦笋斜刀切片，待用。
2 黄油倒入锅中加热至溶化，放入蒜末，爆香。
3 放入意面，快速翻炒片刻，加入适量鸡粉、盐，翻炒调味，将炒好的意面盛出，装入盘中。
4 再次倒入适量黄油炒化，倒入洋葱块，炒香，放入芦笋，快速翻炒均匀。
5 倒入牛奶、奶油，拌匀煮沸，淋入适量清水，倒入面粉水，拌匀。
6 加入红、黄彩椒，翻炒匀，放入盐、鸡粉，翻炒调味。
7 倒入清水，拌匀煮至沸腾，倒入炒好的意面，翻炒收汁。
8 将炒好的意面盛出，装入盘中即可。

黑蒜菠菜意大利面

意大利 15分钟

原料

意大利面350克，黑蒜45克，菠菜泥60克，圣女果40克，橙子130克

调料

盐、鸡粉各1克，黑胡椒粉2克，食用油适量

做法

1 洗净的圣女果对半切开；洗好的橙子切小瓣，将皮肉分离，不切断；黑蒜切成小块。
2 取一盘，在其一处摆放切好的橙子和圣女果，待用。
3 沸水锅中倒入意大利面，煮约12分钟至熟软，捞出煮好的意大利面，装盘，待用。
4 热锅注油，倒入切好的黑蒜。
5 放入菠菜泥，翻炒出香味。
6 放入意大利面。
7 加入盐、鸡粉、黑胡椒粉，炒约2分钟至入味。
8 关火后盛出意大利面，装盘即可。

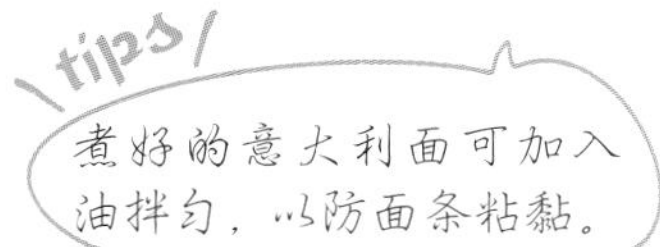

tips
腌渍牛肉时加点黑胡椒粉，味道会更香浓。

黑椒牛柳炒意面

意大利　6分钟

熟意大利面170克
牛肉丝80克
洋葱丝30克
红椒丝30克
青椒丝30克
胡萝卜丝50克

盐2克
鸡粉2克
生粉2克
黑胡椒粉4克
老抽3毫升
生抽5毫升
橄榄油5毫升
食用油5毫升

1

牛肉丝中加入1克盐、1克鸡粉，放入生抽、生粉、食用油。

2

搅拌均匀，腌渍至入味。

3

热锅中注入橄榄油，大火烧热，放入洋葱丝、红椒丝。

4

倒入青椒丝、胡萝卜丝，炒匀。

5

倒入牛肉丝。

6

翻炒约半分钟，至牛肉丝转色。

7

放入意大利面，翻炒均匀。

8

加入1克盐、1克鸡粉，炒匀。

9

加入黑胡椒粉，炒出香味。

10

加入老抽，翻炒数下至意大利面着色均匀。

11

关火后盛出炒好的意大利面，装盘即可。

培根鲜虾意大利面

意大利　10分钟

原料

熟意大利面200克
培根30克
虾仁50克
洋葱10克
西蓝花30克
鲜奶40毫升
蒜末6克
红彩椒20克
黄彩椒20克
黄油适量

盐4克
鸡粉4克
白糖少许
生粉适量
面粉水适量
橄榄油适量

tips

培根可煎得焦一点，味道会更香。

做法

1

洗净的西蓝花切成小朵；洗净去籽的红彩椒切条，切小块。

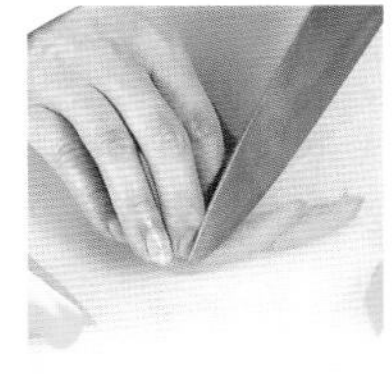

2

洗净去籽的黄彩椒切条，切小块；处理好的洋葱切成小块。

3

洗净的虾仁背部切开，挑去虾线；备好的培根切成小块。

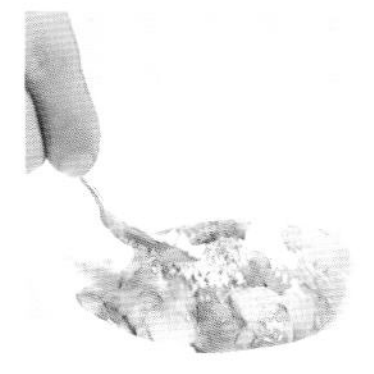

4

虾仁装入碗中，放入适量盐、鸡粉、生粉。

5

淋上适量橄榄油，拌匀腌渍5分钟。

6

将适量黄油倒入热锅中，放入蒜末，爆香。

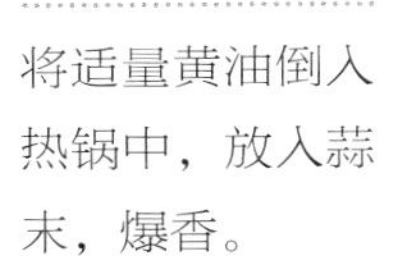

7

放入熟意大利面，翻炒匀。

8

放入盐、鸡粉，翻炒调味。

9

将调好味的面条盛出，装入碗中，待用。

10

将适量黄油倒入锅中，放入培根炒香。

11

放入洋葱、虾仁，快速翻炒至洋葱透明。

12

加入红彩椒、黄彩椒，再加入西蓝花。

13

倒入鲜奶，炒匀煮沸，倒入少许面粉水，炒匀。

14

加入鸡粉、盐，翻炒调味，放入少许白糖。

15

放入炒好的意面，快速拌匀，将炒好的面盛入盘中即可。

香草鸡腿意大利面

意大利　20分钟

原料

意大利面120克，芦笋75克，胡萝卜85克，洋葱65克，鸡块150克，淡奶油30克，意大利香草调料少许

调料

盐3克，鸡粉、黑胡椒粉各少许，料酒4毫升，生抽5毫升，橄榄油适量

做法

1. 洗好的芦笋切段；去皮的胡萝卜切丁；洋葱洗净切小块。
2. 鸡块放碗中，加入少许盐，放入料酒、鸡粉、黑胡椒粉，搅散，淋上生抽，拌匀，腌渍片刻，待用。
3. 锅中注入适量清水烧开，放入备好的意大利面，搅匀，用中火煮约15分钟，至面条熟软，捞出，沥干水分。
4. 煎锅置火上，注入适量橄榄油，烧热， 放入鸡块，煎出香味，再翻转鸡块，煎两面断生，注入少许清水。
5. 拌匀，略煮一小会儿，至鸡肉熟透，关火后盛出鸡排。
6. 另起锅，注入少许清水烧开，放入淡奶油，拌匀，待其溶化后倒入洋葱块、芦笋段，放入胡萝卜丁，炒散。
7. 再注入清水，放入意大利面，拌匀，加入盐，拌匀略煮，至食材熟透，关火后盛入盘中，摆上鸡排，撒上意大利香草调料即可。

肉酱空心意面

意大利 2分钟

原料

意大利北萨酱40克，肉末70克，洋葱65克，熟意大利空心面170克

调料

盐2克，鸡粉2克，食用油适量

做法

1 将处理好的洋葱切成片，再切成丁。
2 热锅注油烧热，倒入肉末，翻炒至转色。
3 倒入备好的洋葱、意大利北萨酱、空心面，翻炒匀。
4 加入盐、鸡粉，快速翻炒至食材入味。
5 关火后将炒好的面盛出装入盘中即可。

tips

肉末不宜炒制太长时间，以免口感太干。

西红柿奶酪意面

意大利　8分钟

原料

意大利面300克，西红柿100克，黑橄榄20克，奶酪10克

调料

红酱50克，蒜末少许

做法

1 洗好的西红柿切成瓣，再切成小块。
2 将奶酪切片，再切成丁，备用。
3 锅中注入适量清水烧开，倒入意大利面，煮至熟软，捞出，装入碗中，备用。
4 锅置火上，倒入奶酪，放入西红柿，拌匀，倒入红酱，拌匀，
5 盛出煮熟的食材，放入装有意大利面的碗中。
6 加入黑橄榄、蒜末，拌匀，倒入盘中即可。

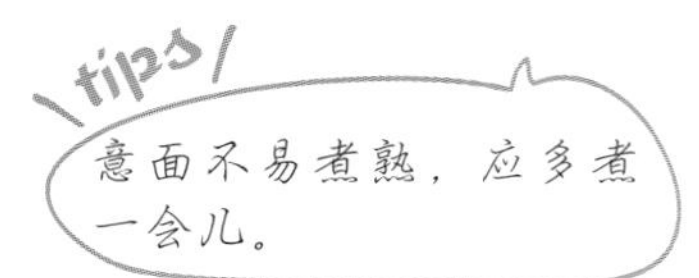

金枪鱼三色螺丝粉

法国　2分钟

原料

熟三色螺丝粉150克，大蒜粒、洋葱粒各适量，金枪鱼罐头30克，红彩椒、圆椒各20克，香葱碎少许

调料

盐、黑胡椒粉、鸡粉各3克，白洋醋3毫升，橄榄油适量，法式芥末酱5克

做法

1 往备好的碗中倒入大蒜粒、洋葱粒。

2 加入盐、黑胡椒粉、鸡粉、白洋醋、橄榄油、法式芥末酱。

3 倒入圆椒、红彩椒、金枪鱼，拌匀。

4 倒入熟三色螺丝粉，搅拌均匀。

5 取一碗，放入拌好的螺丝粉，撒上香葱碎即可。

tips

如果不习惯吃生辣椒，可以事先将其焯煮至断生再加入。

西红柿牛肉烩通心粉

意大利　5分钟

原料

熟意大利通心粉150克
西红柿70克
牛肉150克
洋葱丁20克
蒜片20克
面粉10克
黄油适量

调料

盐3克
鸡粉3克
白糖3克
黑胡椒粉3克
橄榄油适量
番茄酱适量

做法

1

洗净的西红柿对半切开，去蒂，切成小块；洗净的牛肉切片。

2

往牛肉中加入适量盐、鸡粉，放入面粉。

3

注入适量的橄榄油，拌匀，腌渍片刻。

4

热锅中放入黄油，加热至黄油融化。

5

倒入部分洋葱丁，加入适量蒜片，爆香。

6

倒入备好的意大利通心粉，翻炒均匀。

7

加入适量番茄酱，加入适量盐、鸡粉，充分拌匀入味。

8

将炒好的意大利通心粉盛入盘中，待用。

9

另起锅注入橄榄油，烧热，倒入蒜片、洋葱丁，炒香。

10

倒入牛肉，炒至转色，加入适量番茄酱，拌匀。

11

淋上适量的清水，加入盐、鸡粉、白糖、黑胡椒粉，炒匀。

12

倒入西红柿，炒拌片刻。

13

关火后将炒好的食材盛出铺在通心粉上即可。

蛤蜊肉芦笋烩通心粉

意大利　8分钟

原料

熟通心粉120克，蛤蜊肉70克，芦笋80克，淡奶油40克，面粉20克，洋葱丁20克，牛奶60毫升

调料

白葡萄酒10毫升，橄榄油适量，盐、白糖各3克，鸡汁5毫升

做法

1 热锅注入适量的橄榄油烧热，倒入洋葱丁爆香。
2 倒入蛤蜊肉，炒香。
3 注入适量的白葡萄酒，炒匀。
4 倒入芦笋，拌炒，注入适量的清水。
5 加入盐、白糖、鸡汁，充分拌匀入味。
6 注入牛奶，倒入面粉，充分搅拌均匀。
7 倒入通心粉，加入淡奶油，搅拌均匀。
8 关火后，将煮好的菜肴盛入盘中即可。

苹果紫薯焗贝壳面

意大利　12分钟

原料

奶酪40克，荷兰豆40克，熟贝壳面160克，苹果100克，去皮紫薯90克，黄油适量

调料

盐3克

苹果切好后，将其放入凉水中防止氧化变色。

做法

1 洗净的苹果对半切开，去核，切片；紫薯对半切开，切片。
2 沸水锅中加入盐，放入黄油，加热溶化。
3 倒入贝壳面、荷兰豆，煮至熟软。
4 将焯煮好的食材盛入盘中。
5 往盘中交错摆放上苹果片、紫薯片，再铺上奶酪待用。
6 将烤箱摆放在台面上，打开烤箱门，放入贝壳面。
7 关上烤箱门，将上下火调至180℃，时间刻度调至10分钟，开始烤制食材。
8 打开箱门，将烤好的贝壳面取出即可。

芝士火腿三明治

英国　8分钟

吐司片70克，火腿片20克，芝士片1片（15克），西红柿片30克，生菜60克，黄油适量，竹签4根

沙拉酱适量

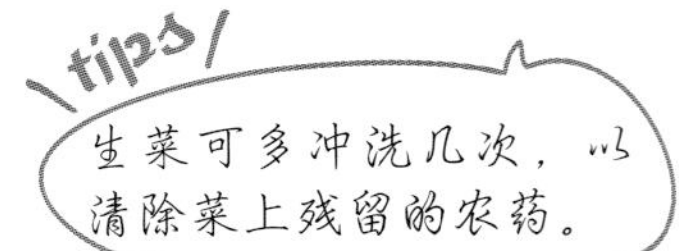

1 热锅中放入适量的黄油，加热至融化。
2 放入吐司，煎至两面成焦黄色，取出煎好的吐司，待用。
3 继续往锅内放入黄油，待其稍微融化后，加入火腿片，煎至两面焦黄，盛入盘中待用。
4 取一盘，放上一片吐司，铺上适量生菜，放上西红柿片，挤上适量的沙拉酱。
5 再放上适量生菜，放上一片吐司，铺上芝士片、火腿片、生菜。
6 再盖上一片吐司，用竹签固定住，制成三明治。
7 将三明治摆放在砧板上，用刀将四周修整齐，再沿着对角线切成三角状。
8 将切好的三明治摆放在盘中即可。

黄瓜火腿三明治

英国　3分钟

原料

黄瓜片50克，吐司片80克，火腿片30克，番茄40克，西生菜60克

做法

1 热锅中放入吐司片，烤至表面焦黄色。
2 将吐司取出放入盘中。
3 取一盘，摆放上吐司片、西生菜、火腿片。
4 再次用一张吐司片盖上，接着摆放上西生菜、黄瓜片、番茄片。
5 用西生菜盖住，用另外一块吐司盖住，用牙签固定。
6 用刀切去三明治的四周。
7 沿着对角线切成三角形。
8 将切好的三明治放入盘中。

tips

往三明治上抹上奶油，味道会更加好。

意大利披萨

意大利　85分钟

原料

披萨面皮部分：
高筋面粉200克
酵母3克
黄油20克
水80毫升
盐1克
白糖10克
鸡蛋60克

馅部分：
黄椒粒30克
红椒粒30克
香菇片30克
虾仁60克
鸡蛋1个
洋葱丝40克
炼乳20克
白糖30克
番茄酱适量
芝士丁40克

tips

依据个人喜好，可以不加入白糖。

做法

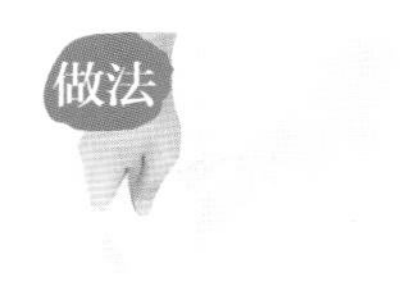

1

高筋面粉倒入案台上，用刮板开窝，加入水、白糖，搅匀。

2

加入酵母、盐，搅匀，放入鸡蛋，搅散。

3

刮入高筋面粉，混合均匀，倒入黄油，混匀。

4

将混合物搓揉成面团。

5

取一半面团，用擀面杖均匀擀至圆饼状面皮。

6

将面皮放入披萨圆盘中，稍加修整，使面皮与披萨圆盘贴合。

7

用叉子在面皮上均匀地扎上小孔，放置常温下发酵1小时。

8

在发酵好的面皮上挤入番茄酱，放上香菇片。

9

倒入打散的蛋液，放入洗净的虾仁。

10

撒上红椒粒，撒上白糖。

11

放上洋葱丝，加入黄椒粒。

12

淋入炼乳，撒上芝士丁，制成披萨生坯。

13

预热烤箱，温度调至上、下火200℃，将披萨生坯放入预热好的烤箱中。

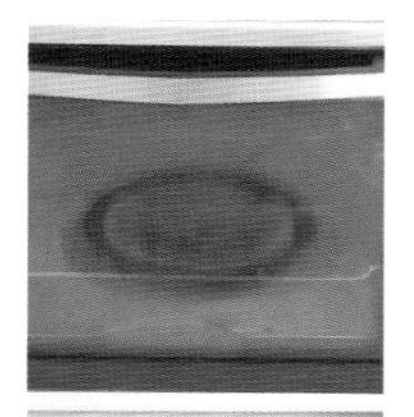

14

烤10分钟至熟。

15

取出烤好的披萨即可。

鲜蔬虾仁披萨

意大利　85分钟

披萨面皮部分：
高筋面粉200克
酵母3克
黄油20克
水80毫升
盐1克
白糖10克
鸡蛋60克

馅部分：
西蓝花45克
虾仁适量
玉米粒适量
番茄酱适量
芝士丁40克

1

将高筋面粉倒入案台上，用刮板开窝。

2

加入水、白糖，搅匀，加入酵母、盐，放入鸡蛋，搅散。

3

刮入高筋面粉，混合均匀，倒入黄油，混匀，搓揉成面团。

4

取一半面团，用擀面杖均匀擀至圆饼状面皮。

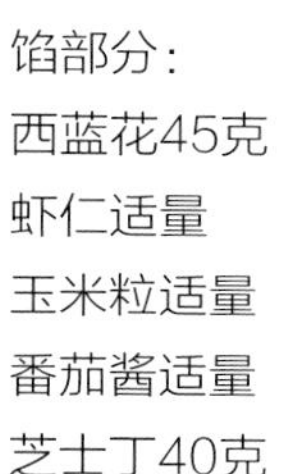

5

将面皮放入披萨圆盘中，稍加修整，使面皮与圆盘完整贴合。

6

用叉子在面皮上均匀地扎上小孔，放置常温下发酵1小时。

7

发酵好的面皮上铺一层玉米粒。

8

放上洗净切小朵的西蓝花。

9

加入洗好的虾仁，均匀地挤上番茄酱。

10

撒上芝士丁，制成披萨生坯。

11

预热烤箱，温度调至上、下火200℃，将披萨生坯放入预热好的烤箱中。

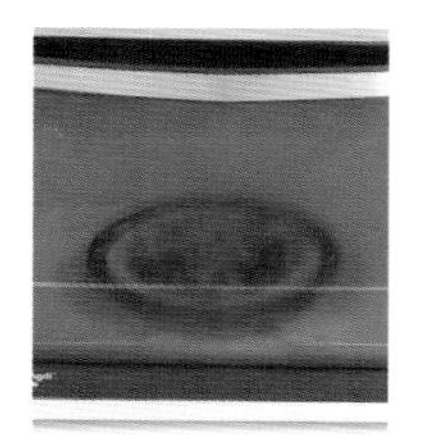

12

烤10分钟至熟。

13

取出烤好的披萨即可。

tips
在面包上划两刀，可起到装饰作用，也可使面包烤得更酥脆。
H.GravurePrint

法式面包

法国　20分钟

原料

高筋面粉250克
酵母5克
水80毫升
鸡蛋60克
黄油20克

调料

盐1克
白糖20克

做法

1

将高筋面粉、酵母倒在面板上，拌匀，开窝。

2

倒入鸡蛋、白糖、盐，拌匀，加入水，拌匀，放入黄油。

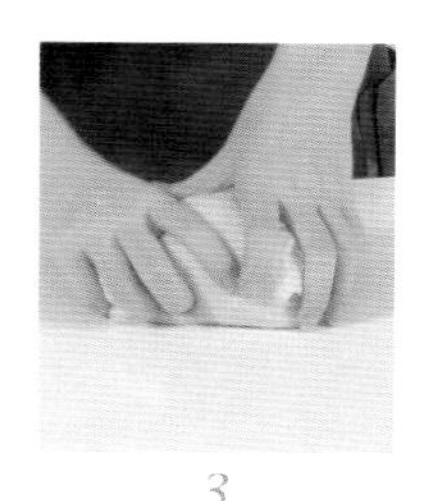

3

慢慢地和匀，至材料融合在一起，揉成面团。

4

用电子秤称取80克左右的面团，依次称取两个面团，揉圆。

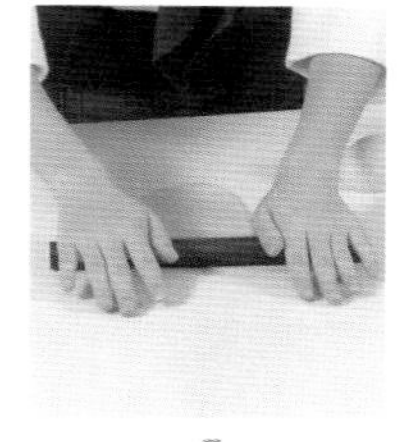

5

取一个面团，压扁，擀薄。

6

卷成橄榄形状，收紧口，装在烤盘中。

7

依此法制成另一个生坯，装在烤盘中，待发酵。

8

待发酵至两倍大，在生坯表面斜划两刀。

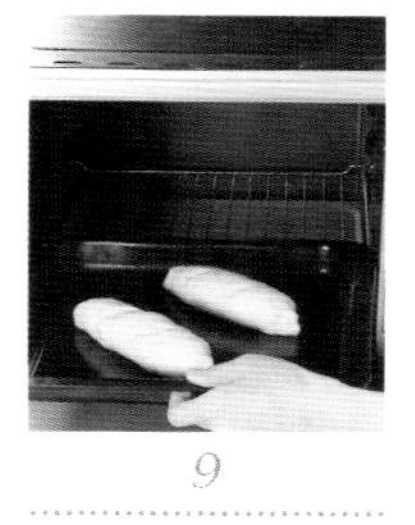

9

烤箱预热，把烤盘放入中层。

10

关好烤箱门，以上、下火同为200℃的温度烤15分钟。

11

断电后取出烤盘，稍稍冷却后拿出烤好的成品，装盘即可。

丹麦羊角面包

丹麦　40分钟

原料

酥皮部分：
高筋面粉170克
低筋面粉30克
白糖50克
黄油20克
奶粉12克
盐3克
酵母5克
水88毫升
鸡蛋40克
片状酥油70克

馅部分：
蜂蜜40克
鸡蛋60克

做法

1

将低筋面粉倒入装有高筋面粉的碗中，拌匀。

2

倒入奶粉、酵母、盐拌匀，倒在案台上，用刮板开窝。

3

倒入水、白糖，搅拌均匀，放入鸡蛋，拌匀。

4

将材料混合均匀，加黄油，揉搓成光滑的面团。

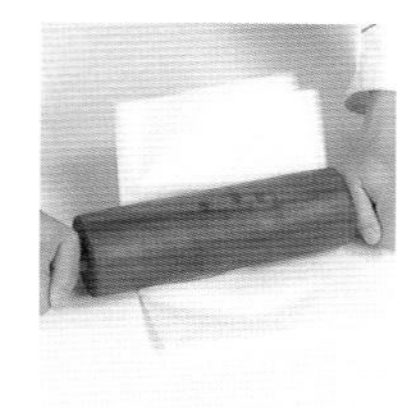

5

用油纸包好片状酥油，用擀面杖将其擀薄。

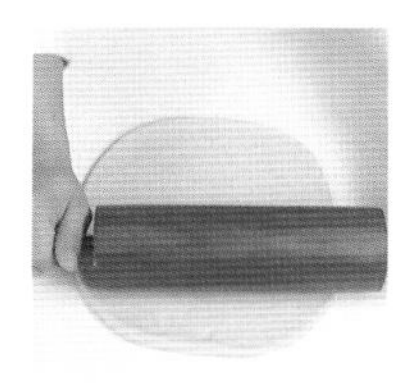

6

将面团擀成薄片，制成面皮。

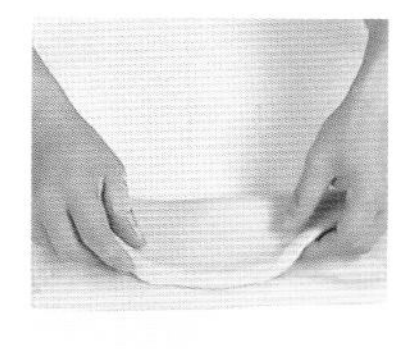

7

放上酥油片，将面皮折叠，再把面皮擀平。

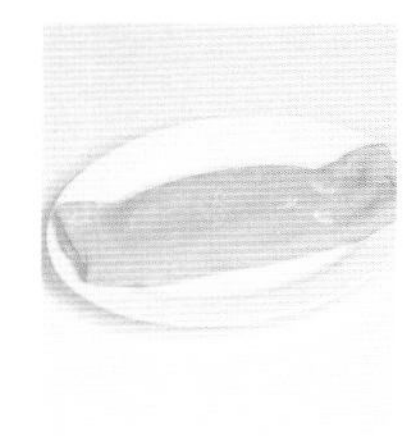

8

先将三分之一的面皮折叠，再将剩下的折叠起来，放入冰箱，冷藏10分钟。

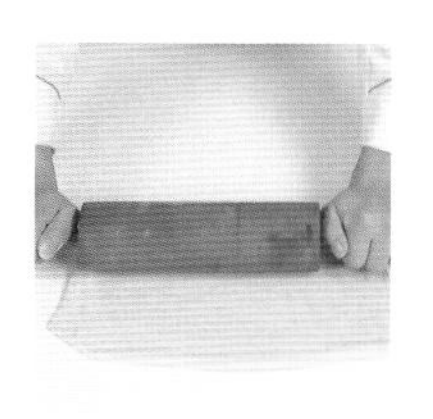

9

取出，继续擀平，将上述动作重复操作两次，制成酥皮。

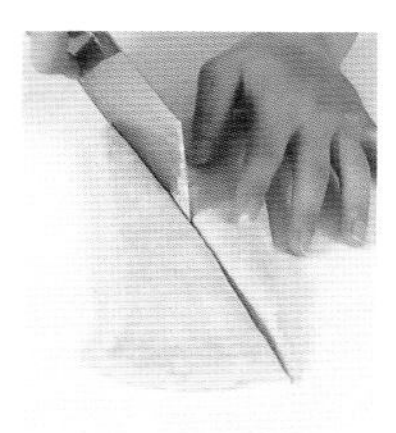

10

取适量酥皮，沿对角线切成两块三角形酥皮。

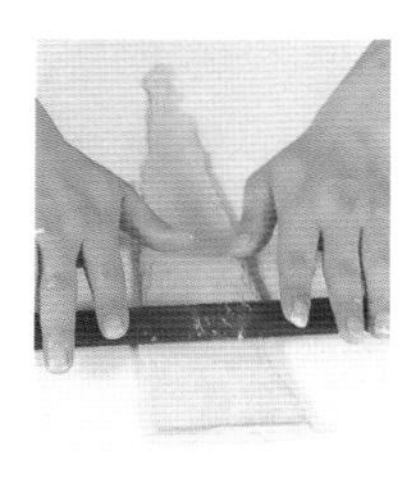

11

用擀面杖将三角形酥皮擀平。

12

分别将擀好的三角形酥皮卷至橄榄状生坯。

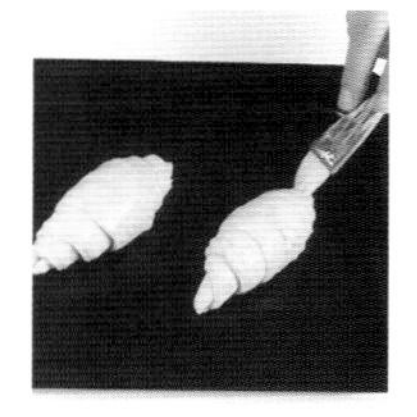

13

备好烤盘，放上橄榄状生坯，刷上一层蛋液。

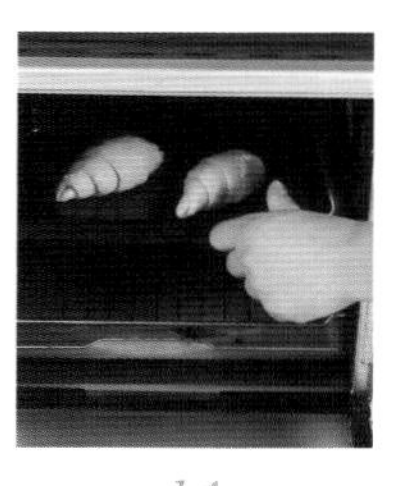

14

预热烤箱，温度调至上火200℃、下火200℃，放入烤盘，烤15分钟至熟。

15

取出烤盘，在烤好的面包上刷上一层蜂蜜，装盘即可。

英国生姜面包

英国 155分钟

原料

高筋面粉500克，黄油70克，奶粉20克，白糖100克，盐5克，鸡蛋1个，水200毫升，酵母8克，姜粉10克

做法

1 将白糖、水倒入容器中，搅拌至白糖溶化，待用。
2 把高筋面粉、酵母、奶粉倒在案台上，用刮板开窝。
3 倒入糖水，混合均匀，并按压成形，加入鸡蛋，混合均匀，揉搓成面团。
4 将面团稍微拉平，倒入黄油，揉搓均匀，加入适量盐，揉搓成光滑的面团，用保鲜膜将面团包好，静置10分钟。
5 取适量面团，稍稍压平，倒入姜粉，揉匀成纯滑的面团。
6 将其切成四等份，分别均匀揉至成小球生坯，放入烤盘中，常温发酵2小时至原来一倍大。
7 将发酵好的生坯放入预热好的烤箱中，温度调至上火190℃、下火190℃，烤10分钟至熟透，取出烤好的面包即可。

tips

可给生坯刷上蜂蜜，以中和姜粉的辛辣味。

法兰西依士蛋糕

法国 25分钟

原料

鸡蛋315克，白糖150克，低筋面粉250克，色拉油175克，葡萄干30克，瓜子仁适量，高筋面粉250克，酵母4克，奶粉15克，黄油35克，纯净水100毫升，蛋黄25克

调料

细砂糖50克

做法

1 将高筋面粉、酵母、奶粉倒在面板上，用刮板拌匀铺开。
2 倒入白糖、蛋黄，拌匀，加入适量纯净水，搅拌均匀，用手按压成型，放入黄油，揉至表面光滑。
3 将白糖、鸡蛋倒进准备好的容器中，用电动搅拌机打发起泡，加低筋面粉，拌匀，分次慢慢地倒入色拉油，拌匀，放入葡萄干，搅拌匀。
4 面团撕成小块，放入拌好的材料中，用电动搅拌器拌匀。
5 模具中垫上烘焙纸，倒上拌好的材料，约七分满即可，撒上瓜子仁，备用。
6 打开烤箱，将模具放入烤箱中，关上烤箱，以上火200℃、下火190℃烤约25分钟至熟。
7 取出模具，待凉，倒出蛋糕，装入盘中，撕掉底层的烘焙纸，食用时切片即可。

tips
煮的时候要不停地搅拌，以免煮焦煳锅。
Tambourin

提拉米苏

 意大利　65分钟

原料

吉利丁片10克
植物奶油200克
芝士250克
蛋黄15克
水50毫升
手抓饼干适量
可可粉适量

调料

白糖57克

做法

1

奶锅中倒入白糖、水，开小火搅至溶化。

2

取一个容器，注入清水，放入吉利丁片泡软。

3

将泡软的吉利丁片放入奶锅中，搅匀至吉利丁片完全溶化。

4

再加入植物鲜奶油、芝士，搅拌片刻使食材完全融化。

5

关火，倒入备好的蛋黄，稍稍搅拌一会儿使食材充分混合。

6

取一个保鲜袋撑开，将手抓饼干装入，用木棍敲打至完全粉碎。

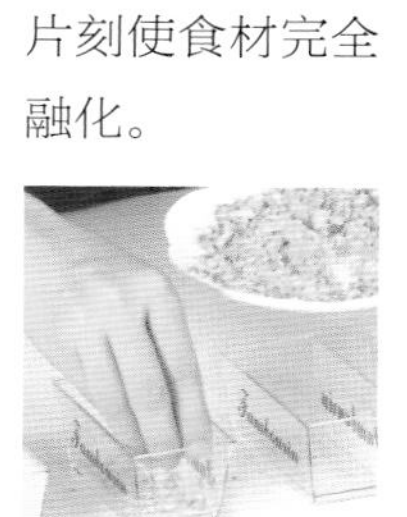

7

将饼干碎均匀地铺在模具底部。

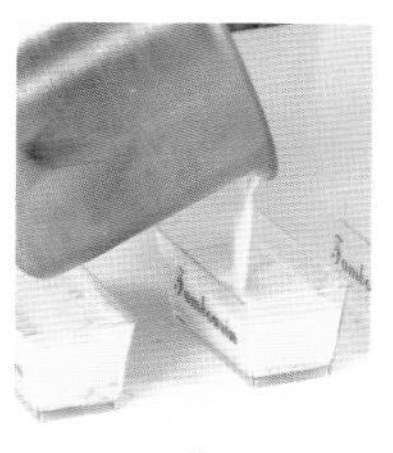

8

倒入芝士糊，搁置到变凉，放入冰箱冷藏1小时后，取出。

9

将可可粉倒入筛网，均匀的筛在蛋糕上即可。

可丽饼

法国　40分钟

原料

黄油15克，白糖8克，盐1克，低筋面粉100克，鲜奶250毫升，鸡蛋3个，鲜奶油、草莓、蓝莓各适量，黑巧克力液适量

调料

盐1克

tips

煎制可丽饼时火候不要过大，以免成品颜色太深。

做法

1 碗中倒入鸡蛋、白糖，放入鲜奶、盐、黄油，拌匀。

2 将低筋面粉过筛至碗中，搅拌匀，呈糊状，放入冰箱，冷藏30分钟。

3 煎锅置于火炉上，倒入适量的面糊，煎约30秒至金黄色，呈饼状，折两折，装入盘中。

4 依次将剩余的面糊倒入煎锅中，煎成面饼，以层叠的方式装入盘中。

5 将花嘴模具装入裱花袋中，把裱花袋尖端部位剪开，倒入打发鲜奶油，在每一层面饼上挤入鲜奶油，再往盘子两边挤上鲜奶油。

6 将草莓摆放在盘子两边的鲜奶油上；在面饼上撒入蓝莓；将黑巧克力液倒入裱花袋中，并在尖端部位剪一个小口，在面饼上快速来回划几下即可。

巧克力华夫饼

比利时　20分钟

原料

纯牛奶200毫升，溶化的黄奶油30克，低筋面粉180克，泡打粉5克，蛋白、蛋黄各3个，黑巧克力液30克，草莓3颗，蓝莓少许

调料

白糖75，盐2克

做法

1 将白糖、牛奶倒入容器中，用搅拌器拌匀。
2 加入低筋面粉，搅拌均匀，倒入蛋黄、泡打粉，放入盐。
3 再倒入黄油，搅拌均匀，至其呈糊状。
4 将蛋白倒入另一个容器中，用电动搅拌器打发，倒入面糊中，搅拌匀。
5 将华夫炉温度调成200℃，预热，在炉子上涂黄油，至其融化。
6 将拌好的材料倒在华夫炉中，至其起泡，盖上盖，烤1分钟至熟。
7 揭开盖，取出烤好的华夫饼，放在白纸上，切成四等份，装入盘中。
8 放上洗净的蓝莓、草莓；把黑巧克力液装入裱花袋中，并在尖端剪一个小口，快速地挤在华夫饼上即可。

tips
开火后要不断搅拌，以
免白糖糊锅。

葡式蛋挞

 葡萄牙 12分钟

原料

牛奶100毫升
鲜奶油100克
蛋黄30克
炼奶5克
吉士粉3克
蛋挞皮适量

调料

白糖5克

做法

1

奶锅置于火上，倒入牛奶，加入白糖。

2

开小火，加热至白糖全部溶化，搅拌均匀。

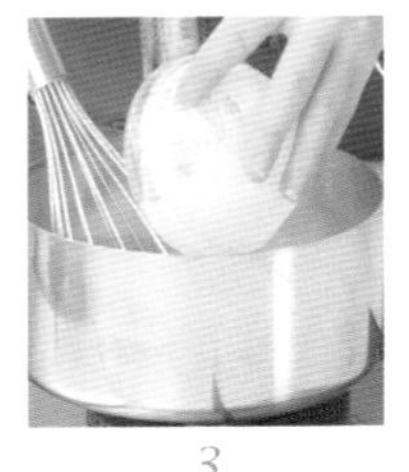

3

倒入鲜奶油，煮至溶化。

4

加入炼奶，拌匀，倒入吉士粉，拌匀。

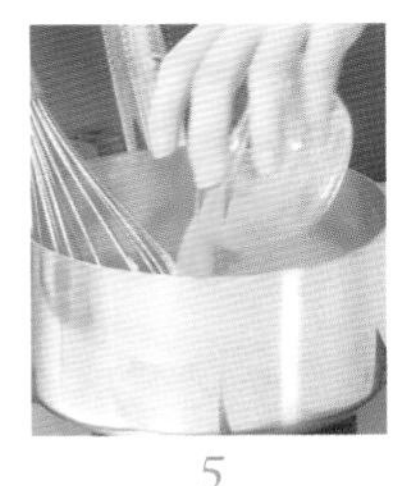

5

倒入蛋黄，拌匀，关火待用。

6

用过滤网将蛋液过滤一次，再倒入容器中。

7

用过滤网将蛋液再过滤一次。

8

准备好蛋挞皮，把搅拌好的材料倒入蛋挞皮，约八分满即可。

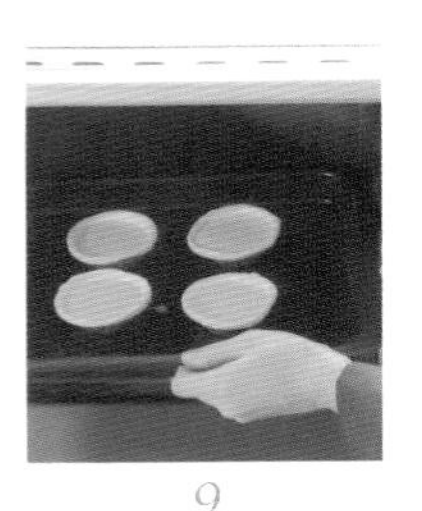

9

打开烤箱，将烤盘放入烤箱中。

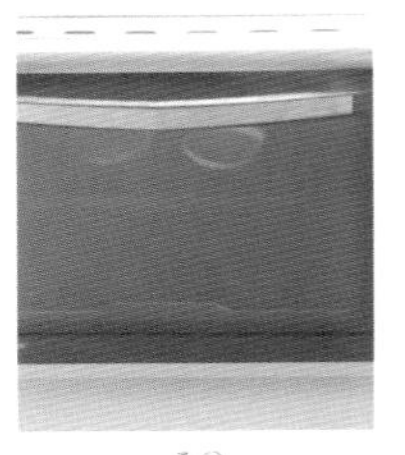

10

关上烤箱，以上火150℃、下火160℃烤约10分钟至熟。

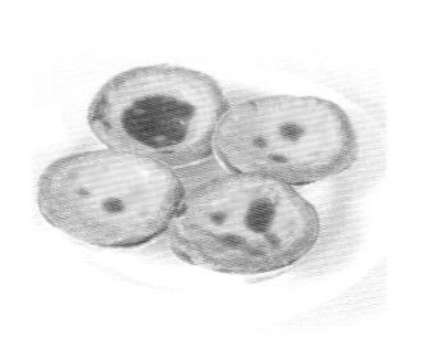

11

取出烤好的葡式蛋挞，装入盘中即可。

马卡龙

法国 40分钟

原料

水30毫升
蛋白95克
杏仁粉120克
糖粉120克
打发鲜奶油适量

调料

白糖150克

tips

面糊凝固后才放入烤箱，否则烤好的面饼易变形。

做法

1

将容器置于火上，倒入水、白糖，拌匀。

2

煮至细砂糖完全溶化，用温度计测水温为118℃后关火。

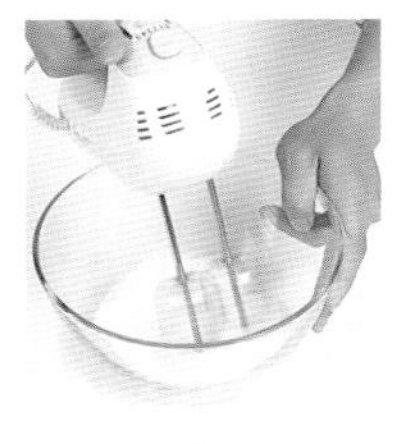

3

将50克蛋白倒入大碗中，用电动搅拌器打发至蛋白起泡。

4

一边倒入煮好的糖浆，一边搅拌，制成蛋白部分，备用。

5

在大碗中倒入杏仁粉，将糖粉过筛至碗中。

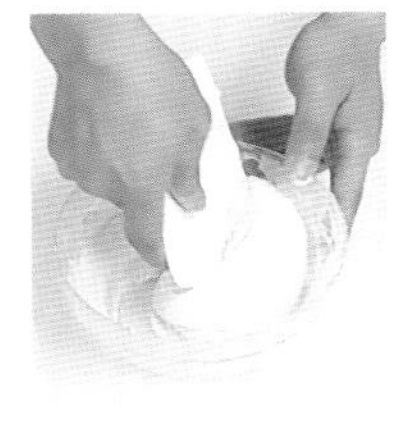

6

加入45克蛋白，搅拌成糊状，倒入三分之一的蛋白部分，拌匀。

7

拌好的材料倒入剩余蛋白部分中，拌匀成面糊，倒入裱花袋中。

8

把硅胶放在烤盘上，用剪刀在裱花袋尖端部位剪开一个小口。

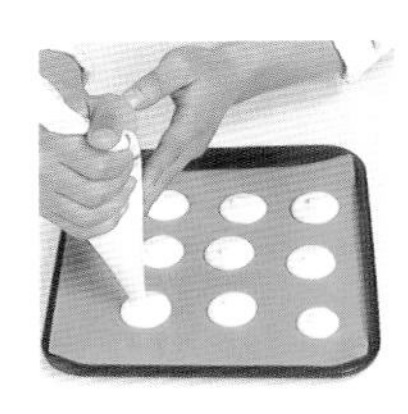

9

在烤盘中挤上大小均等的圆饼状面糊，待其凝固成形。

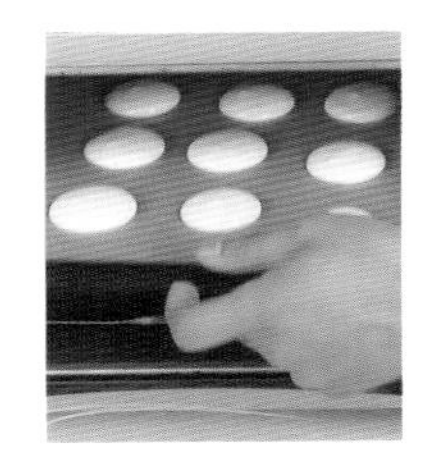

10

将烤盘放入烤箱，以上火150℃、下火150℃烤15分钟至熟。

11

从烤箱中取出烤盘，放凉待用。

12

把打发好的鲜奶油装入裱花袋中，在尖端部位剪开一个小口。

13

取一块烤好的面饼，挤上适量打发的鲜奶油。

14

再取一块面饼，盖在鲜奶油上方，制成马卡龙，依此做完余下的材料。

15

将做好的马卡龙装入盘中即成。

意大利奶酪

意大利　35分钟

白糖55克，牛奶250克，吉利丁片3片，淡奶油250克，朗姆酒5毫升

1 吉利丁片放进装有清水的容器中浸泡。
2 把牛奶、白糖倒进奶锅中。
3 开小火，拌匀至白糖溶化。
4 加入已经泡好的吉利丁片，搅拌至溶化。
5 倒入淡奶油、朗姆酒。
6 搅拌至溶化后关火。
7 备好模具杯，倒入搅拌好的材料。
8 待凉后放进冰箱冷藏半个小时，取出即可。

tips

模具杯中材料装至八分满即可。

意式咖啡冰激凌

意大利　5小时15分

原料

牛奶300毫升，植物奶油300克，蛋黄2个，玉米淀粉15克，咖啡150毫升

调料

糖粉150克

做法

1 锅中倒入玉米淀粉，加入牛奶，开小火，用搅拌器搅拌均匀，用温度计测温，煮至80℃，关火。
2 倒入糖粉，搅拌均匀，制成奶浆，待用。
3 玻璃碗中倒入蛋黄，用搅拌器打成蛋液。
4 待奶浆温度降至50℃，倒入蛋液中，搅拌均匀。
5 倒入植物奶油，搅拌均匀，制成浆汁。
6 倒入咖啡，用电动搅拌器打匀，制成冰激凌浆。
7 将冰激凌浆倒入保鲜盒，封上保鲜膜，放入冰箱冷冻5小时至定形。
8 取出冻好的冰激凌，撕去保鲜膜，用挖球器将冰激凌挖成球状，装入纸杯中即可。

瑞士巧克力火锅

 瑞士  8分钟

原料

锅底：黑巧克力砖500克，鲜奶油500克，白兰地酒30毫升，黄油20克

涮煮：去皮苹果250克，去皮香蕉500克，番石榴250克，去皮橘子250克，柠檬汁适量

做法

1. 苹果用去核切制器切成瓣，每瓣对半切开。
2. 香蕉切小段；橘子掰成瓣。
3. 洗净的番石榴对半切开，去底部，切瓣，再对半切开。
4. 将切好的番石榴放入柠檬汁中，以防止氧化变黑。
5. 用铁签按一块苹果、两瓣橘子、一段香蕉、一块番石榴的顺序将水果依次穿成串，装盘待用。
6. 电火锅通电后开小火，用黄油在锅底抹几圈，放入黑巧克力砖，倒入白兰地酒，搅拌约3分钟至巧克力溶化。
7. 倒入鲜奶油，加入剩余黄油，搅约2分钟至锅底完全溶化成浓稠状。
8. 将水果串放入锅底，沾上巧克力酱后食用即可。

tips

锅底放入一些花生碎能增强口感，味道也更香。

饮食亚洲，深入探索亚洲美食的精髓

世界饮食文化丰富多彩，而亚洲饮食文化独领风骚。亚洲人文深厚，物产富饶，凭借勤劳的双手和超群的智慧，亚洲各国人民创造出地域特色鲜明的各类美食。接下来，就为你揭秘亚洲各国美食的神秘面纱。

简易大酱汤

韩国　7分钟

原料

瘦肉95克，金针菇80克，西红柿85克，辣白菜55克，干贝30克，虾米少许，豆腐120克

调料

盐3克，鸡粉2克，白糖少许，生粉、食用油各适量

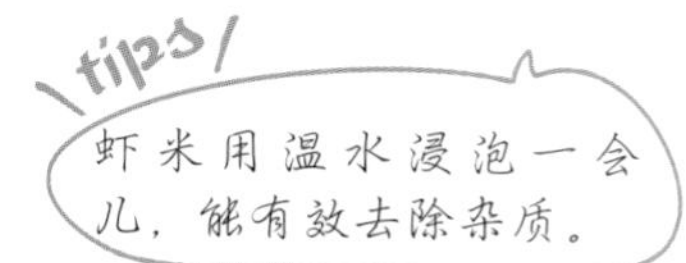

做法

1 将洗净的金针菇切除根部；洗好的瘦肉切片，再切丝；洗净的西红柿切小瓣；洗好的豆腐切小方块。

2 肉丝放入碗中，加入少许盐，拌匀，撒上生粉，拌匀，注入食用油，拌匀，腌渍片刻，待用。

3 用油起锅，倒入腌渍好的肉丝，炒匀，放入备好的辣白菜，炒匀。

4 倒入切好的西红柿，炒匀，至其变软，注入适量清水，加盖，大火略煮一会儿。

5 揭盖，放入洗净的干贝，再盖盖，大火煮约3分钟，至食材变软。

6 揭盖，倒入豆腐块，放入切好的金针菇，搅散，加入鸡粉、盐、白糖，煮至食材熟透，关火后盛出煮好的大酱汤，撒上虾米即可。

韩式泡菜汤

韩国 31分钟

原料

黄瓜150克，泡菜200克，火腿肠1根

调料

韩式大酱20克，食用油适量

做法

1 洗好的黄瓜切成条，再切成小丁，待用。
2 火腿肠去除包装，切成条，再切小丁，待用。
3 备好电饭锅，加入黄瓜、火腿肠、泡菜。
4 放入大酱、食用油，再注入适量清水，拌匀。
5 盖上锅盖，按下“功能”键，调至“靓汤”状态。
6 时间定为半小时，煮至入味。
7 待时间到，按下“取消”键。
8 打开锅盖，搅拌片刻，将煮好的汤盛出装入碗中即可。

tips

大酱比较浓稠，加入后要多搅拌片刻。

韩式烤花腩

韩国　10分钟

五花肉片150克

芝麻油10毫升，烧烤汁5毫升，OK酱、烤肉酱、烧烤粉、辣椒粉各5克，柱侯酱3克，孜然粉适量

1 将五花肉装入碗中，加入适量烧烤汁、烧烤粉、辣椒粉、烤肉酱。
2 再加入柱侯酱、OK酱、芝麻油，用筷子拌匀，撒入孜然粉，拌匀，腌渍至其入味。
3 用烧烤针将五花肉片呈波浪形穿好，备用。
4 在烧烤架上刷适量芝麻油，将肉串放在烧烤架上，用大火烤3分钟至变色。
5 翻面，撒上孜然粉，用大火烤3分钟至变色。
6 将肉串翻面，撒上适量孜然粉，用大火烤1分钟。
7 再次翻面，用大火烤1分钟至熟，将烤好的五花肉装入盘中即可。

日式烤肉

日本 18分钟

原料

培根110克，金针菇100克，鸡腿肉85克，香菇65克，蜂蜜20克

调料

盐1克，日本酱油、料酒、水淀粉各5毫升，食用油适量

做法

1 洗净的鸡腿肉切丝；洗好的香菇切粗条；洗净的培根切长段；洗好的金针菇切段。
2 鸡肉丝装碗，加入适量料酒、盐、日本酱油、水淀粉、蜂蜜、食用油，拌匀，腌渍至其入味。
3 将培根摊开，放上切好的香菇、金针菇，加入鸡肉丝。
4 将培根卷起，用竹签固定好。
5 备好烤箱，取出烤盘，铺上锡纸，刷上一层油，放上做好的培根卷，刷上少许油。
6 打开箱门，将备好的烤盘放入烤箱中。
7 关好箱门，将上火温度调至200℃、下火温度调至200℃，选择“双管发热”功能，烤15分钟至熟透入味。
8 打开箱门，取出烤盘即可。

煎五花肉

韩国　11分钟

五花肉300克，泡菜汁30毫升，韩式辣椒酱40克

食用油适量

1 洗净的五花肉切片。
2 将切好的五花肉片装碗，倒入韩式辣椒酱，拌至均匀。
3 加入适量泡菜汁。
4 淋入适量食用油。
5 拌匀，腌渍至食材入味。
6 用油起锅，放入腌好的五花肉片。
7 煎约10分钟至五花肉片熟透，两面焦黄。
8 关火后盛出煎好的五花肉片，装入盘中即可。

tips

煎肉时要用中小火来回翻面，以免煎糊。

日式起司鸡排

日本 20分钟

原料

鸡腿块250克，蒜末少许，胡萝卜55克，鸡蛋1个，奶酪30克，面粉、面包糠各适量

调料

盐3克，鸡粉2克，白胡椒粉少许，料酒4毫升，生抽5毫升，食用油适量

做法

1 洗净的去皮的胡萝卜切片；奶酪切片；洗净的鸡腿块切上花刀。

2 鸡蛋打入碗中，搅散，调成蛋液，待用。

3 把鸡块放入碗中，撒上蒜末，放入料酒、生抽、盐、鸡粉，撒上白胡椒粉，腌渍片刻。

4 取腌渍好的鸡块，铺开，放入胡萝卜片，包好，卷成卷，再依次滚上面粉、蛋液和面包糠，制成肉卷，撒上奶酪片，即成鸡排生坯。

5 烤盘中铺好锡纸，刷上底油，放入鸡排生坯，摆好，推入预热的烤箱中。

6 关紧箱门，调温度为200℃，选择“炉灯+热风”和“双管发热”图标，烤约15分钟，取出即可。

川香辣子鸡

中国　2分钟

原料

鸡腿肉300克，干辣椒200克，花椒5克，白芝麻5克，葱段、姜片各少许

调料

盐3克，鸡粉4克，料酒4毫升，生抽5毫升，食用油适量

做法

1 洗净的鸡腿肉中加入适量盐、鸡粉，淋入料酒、生抽，拌匀，腌渍片刻。
2 锅中注入适量食用油，烧至六成热。
3 将腌渍好的鸡腿肉放入锅中，搅拌，炸至转色，将鸡腿肉捞出，沥去油分。
4 转大火将油加热至八成热，再放入鸡腿肉，炸至酥脆。
5 将鸡腿肉捞出，沥干油分，装入盘中，待用。
6 热锅注油烧热，倒入花椒、葱段、姜片、干辣椒、白芝麻，炒香。
7 放入炸好的鸡腿肉，快速翻炒片刻。
8 加入盐、鸡粉，翻炒调味，关火后将炒好的菜肴盛出装入盘中即可。

香辣宫保鸡丁

中国 2分钟

原料

鸡胸肉250克，花生米30克，干辣椒30克，黄瓜60克，生粉15克，葱段、姜片、蒜末各少许

调料

盐3克，鸡粉4克，白糖3克，陈醋4毫升，水淀粉4毫升，生抽5毫升，料酒8毫升，白胡椒粉2克，辣椒油、食用油各适量

做法

1 洗净的黄瓜切丁；处理好的鸡胸肉切丁，放入适量盐、鸡粉，加入白胡椒粉。
2 淋入适量料酒，拌匀，加入生粉，搅拌均匀。
3 热锅注入适量食用油，烧至六成热，放入鸡丁，搅拌，倒入黄瓜，将食材滑油。
4 将食材捞出，沥干油分，待用。
5 热锅注油烧热，倒入姜片、蒜末、干辣椒，爆香。
6 放入鸡丁和黄瓜，炒匀，淋入料酒、生抽，快速翻炒匀。
7 放入盐、鸡粉、白糖、陈醋，翻炒调味，注入少许清水，炒匀，倒入水淀粉，翻炒收汁。
8 倒入葱段、花生米，炒匀，淋入辣椒油，翻炒匀，装入盘中即可。

黑椒咖喱鸡腿

印度　30分钟

原料

鸡腿3个（200克）
土豆80克
洋葱丝10克
黄油20克
黑胡椒10克
姜片适量
蒜瓣适量
月桂叶适量
咖喱粉适量
姜黄粉适量

调料

盐3克
鸡粉3克
橄榄油适量

做法

1

洗净去皮的土豆切厚片，再切成条，改切成丁。

2

取一个大碗，放入鸡腿，倒入部分洋葱丝、蒜瓣。

3

加入适量黑胡椒、盐、鸡粉，加入适量咖喱粉、姜黄粉。

4

淋上适量橄榄油，抓匀，腌渍至入味。

5

热锅倒入橄榄油烧热，放入腌渍好的鸡腿，煎出香味。

6

将鸡腿翻面，将两面煎至焦糖色，盛入盘中。

7

热锅中倒入黄油，烧至融化。

8

放入洋葱丝、蒜瓣、姜片、月桂叶，爆香。

9

倒入适量咖喱粉，炒香，注入适量的清水，搅拌匀。

10

放入适量姜黄粉，搅拌均匀，加入土豆，放入盐、鸡粉。

11

再放入黑胡椒，拌匀，倒入煎好的鸡腿。

12

盖上锅盖，焖20分钟至入味。

13

揭开锅盖，将鸡腿盛出装入盘中即可。

tips/
黄鱼抹上适量生粉，可以防止煎时破皮。

泰式酱汁黄鱼

泰国　7分钟

黄鱼400克
柠檬15克
青椒10克
鱼露10毫升
葱丝少许
红椒丝少许

盐5克
生粉10克
白糖3克
食用油适量

1

将盐撒在黄鱼身上，抹匀，腌渍片刻。

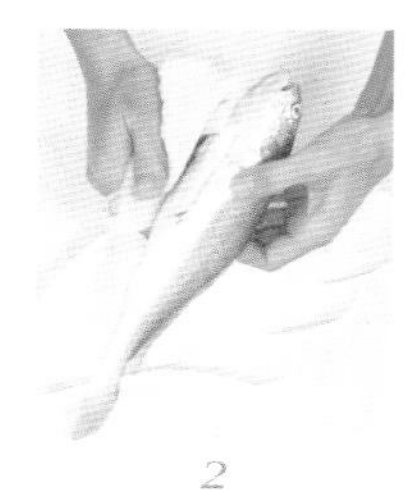

2

用干毛巾把鱼身上的水擦干净。

3

撒上适量生粉，待用。

4

将洗净的青椒切成丝。

5

取一碗，倒入鱼露，加入白糖。

6

挤入柠檬汁，搅拌均匀。

7

放入备好的青椒丝、红椒丝。

8

将调好的材料倒入小碟子中，制成酱汁。

9

用油起锅，放上黄鱼，煎约5分钟至黄鱼两面呈金黄色。

10

关火，将煎好的黄鱼盛出装入盘中，放上葱丝、红椒丝。

11

黄鱼旁边放上酱汁，食用即可。

烧烤秋刀鱼

日本　14分钟

秋刀鱼300克，柠檬50克

盐2克，生抽3毫升，料酒4毫升，食用油适量

1 将洗净的秋刀鱼肉切段，切上花刀。
2 把鱼肉段放入盘中，加入适量盐、料酒、生抽。
3 注入少许食用油，拌匀，腌渍片刻，待用。
4 烤盘中铺好锡纸，刷上底油，放入腌渍好的鱼肉，摆放好，再抹上食用油。
5 将烤盘推入预热的烤箱中。
6 关紧箱门，调温度为200℃，选择“转烧+炉灯” 和“双管发热”图标，烤约10分钟，至食材熟透。
7 打开箱门，取出烤盘。
8 稍微冷却后将菜肴装在盘中，挤上柠檬汁即可。

tips

花刀切得深而密一些，美观又入味。

酥炸凤尾虾

日本　2分钟

原料

基围虾6只（120克），鸡蛋1个（40克），蒜末10克，面包糠20克，生粉20克

调料

盐3克，鸡粉4克，食用油适量

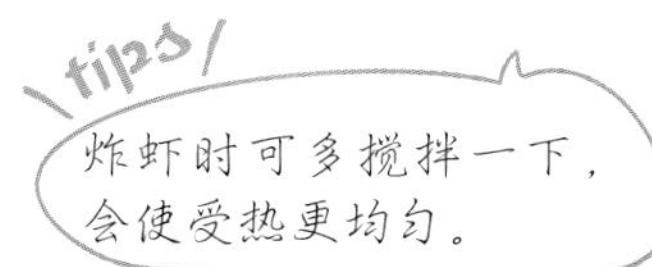

做法

1. 将洗净去掉头部的虾背部切开，挑去虾线。
2. 取一个碗，放入虾，加入适量鸡粉、盐、生粉，加入蛋清，抓匀，腌渍片刻。
3. 热锅注油烧热，放入蒜末，爆香。
4. 倒入部分面包糠，再加入适量盐、鸡粉，翻炒调味，待炒出香味后盛入盘中，待用。
5. 将蛋黄搅匀，装入盘中。
6. 将腌好的虾粘上生粉，裹上蛋液，均匀地粘上剩余的面包糠，待用。
7. 热锅注入适量食用油，烧至七成热，放入虾，搅匀，炸至虾金黄酥脆。
8. 将炸好的虾捞出，沥干油分，放入装饰好的盘中，撒上炒好的面包糠即可。

tips
土豆切好后放入凉水中浸泡，以防氧化变黑。

咖喱海鲜南瓜盅

泰国　6分钟

熟南瓜盅1个
去皮土豆200克
鱿鱼250克
洋葱80克
虾仁50克
咖喱块30克
椰浆100毫升
香叶少许
罗勒叶少许

盐2克
鸡粉3克
水淀粉适量
食用油适量

1

洗净的土豆切丁；洗好的洋葱切小块。

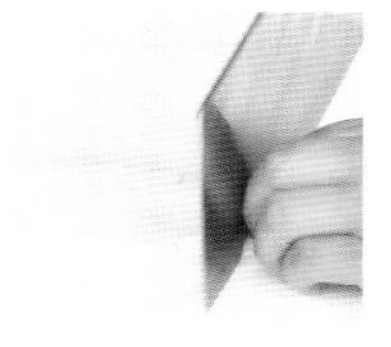

2

处理好的鱿鱼切开，打上十字花刀，切成小块。

3

洗净的虾仁横刀切开，但不切断，去掉虾线。

4

锅中注水烧开，倒入切好的土豆，焯煮片刻，捞出，装盘。

5

往锅中倒入鱿鱼、虾仁，焯煮片刻。

6

关火后将焯煮好的食材捞出，装盘备用。

7

用油起锅，放入咖喱块，搅拌至融化。

8

倒入洋葱、香叶，拌匀。

9

倒入椰浆、土豆、虾仁、鱿鱼，翻炒均匀。

10

加入盐、鸡粉，烹煮约3分钟使其入味。

11

加入水淀粉，拌匀，盛入熟南瓜盅中，放上罗勒叶即可。

咖喱蟹

新加坡　8分钟

原料

花蟹200克
洋葱15克
青椒10克
红椒10克
香菜6克
姜片适量
蒜瓣适量
月桂叶适量
咖喱粉适量
姜黄粉适量
椰汁适量
面粉少许

调料

盐4克
鸡粉5克
橄榄油适量
辣椒油适量
白兰地适量
胡椒粉适量
食用油适量

tips

切洋葱时在刀面上抹上食用油，会更方便切。

做法

1

将洗净的花蟹去外壳，去内脏，剁成块，将蟹脚拍碎。

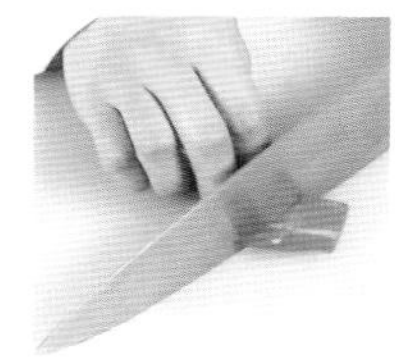

2

处理好的洋葱切成小块；洗净的红椒切成小块。

3

洗净的青椒去籽，切成小块，待用。

4

取一碗，放入花蟹，加入适量白兰地，放入适量盐、鸡粉。

5

再放入适量胡椒粉，抓匀。

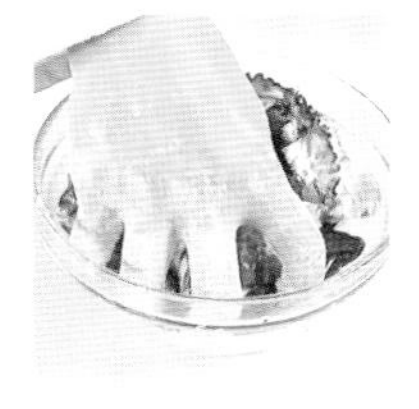

6

倒入适量的面粉，再次抓匀，腌渍片刻。

7

锅中注油烧热，倒入腌渍好的花蟹，炸至金黄色，捞出。

8

锅中倒入橄榄油烧热，放入姜片、蒜瓣、月桂叶、香菜爆香。

9

放入咖喱粉，注入适量清水，搅拌匀。

10

倒入适量姜黄粉，搅匀，大火煮至沸。

11

加入少许辣椒油，搅拌片刻，盖上锅盖，煮5分钟。

12

揭开锅盖，加入鸡粉、盐，搅拌调味。

13

倒入炸好的花蟹，放入青椒、红椒、洋葱，煮至入味。

14

关火后将煮好的花蟹盛出，装入备好的盘中。

15

倒入适量椰汁、辣椒油，最后撒上香菜即可。

烤日式八爪鱼

日本　3分钟

日式即食八爪鱼200克

烤肉酱8克，烧烤汁5毫升，芝麻油8毫升，盐、白芝麻各适量

1 用鹅尾针将日式即食八爪鱼穿成串，待用。
2 在烧烤架上刷适量芝麻油。
3 将烤串放在烧烤架上，用大火烤1分钟至变色。
4 边旋转烤串，边刷上适量芝麻油、烧烤汁、烤肉酱，用大火烤1分钟至熟。
5 旋转烤串，刷上适量芝麻油。
6 再撒入适量盐、白芝麻。
7 将烤好的八爪鱼装入盘中即可。

tips

八爪鱼头部杂质较多，宜将头部去掉。

白泡菜

韩国　13小时

原料

白菜250克，梨子80克，苹果70克，熟土豆片80克，胡萝卜75克，熟鸡胸肉95克

调料

盐适量

做法

1 熟鸡胸肉切碎；洗净去皮的胡萝卜切丝；去皮的苹果切开取核，切片，再切丝。
2 洗净去皮的梨子切片，再切丝；取一个碗，倒入白菜、盐，拌匀腌渍20分钟。
3 备好榨汁机，倒入土豆片、鸡肉碎，注入适量凉开水。
4 盖上盖，开启机器将食材打碎，揭开盖，将食材倒入碗中，待用。
5 将腌渍好的白菜捞出，横刀切成片。
6 把梨丝、胡萝卜丝、苹果丝倒入鸡肉泥中，拌匀，放入适量盐，拌匀。
7 取适量拌好的食材放在白菜叶上，卷起，再放入碗中。
8 用保鲜膜将盘子封好，腌渍12小时，待时间到撕去保鲜膜即可。

萝卜泡菜

韩国　9小时

洋葱50克，白萝卜110克，水芹菜55克，红椒60克，辣椒粉30克

生抽4毫升，盐2克，白醋适量

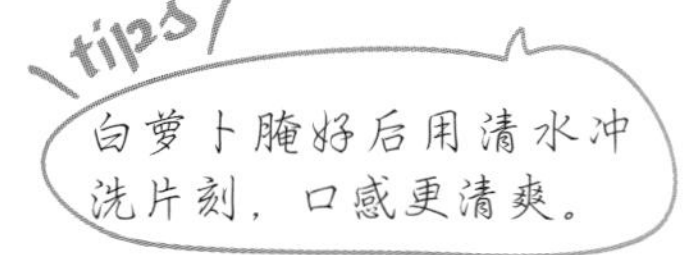

1 洗净去皮的白萝卜切厚片，切成条，再切成丁；择洗好的水芹菜切成长段。
2 清洗好的洋葱切成条，再切块；洗净的红椒切开去籽，切成丝，再切成粒。
3 往白萝卜里加入1克盐，搅拌匀，腌渍30分钟。
4 取一个碗，倒入水芹菜、清水、盐、白醋，拌匀腌渍10分钟。
5 备好榨汁机，倒入红椒、洋葱，注入适量凉开水，盖上盖，打碎制成蔬菜汁。
6 将榨好的蔬菜汁倒入碗中，加入辣椒粉、生抽，搅拌，将白萝卜内的盐水滤去。
7 再把水芹菜内的盐水滤去，倒入白萝卜，把调好的辣汁浇在食材上。
8 用保鲜膜封住碗口，静置腌渍8个小时即可。

日本寿喜烧火锅

日本　10分钟

原料

牛肉200克，香菇50克，金针菇50克，苦菊50克，魔芋丝50克，大葱30克，豆腐50克

调料

白糖5克，味醂50毫升，日式酱油20毫升，清酒20毫升，黄油20克

tips

牛肉片拍松，腌渍后再入锅煎，味道更佳。

做法

1 洗净的牛肉切成均匀的薄片；豆腐切成块状；洗净的金针菇切去根部，撕成丝。
2 洗好的苦菊切去根部，切成段；洗好的大葱斜刀切成段。
3 洗净的香菇去蒂，切上“十字”花刀。
4 取一个碗，加入酱油、味醂、清酒、白糖，搅拌均匀，制成锅底料。
5 电火锅通电后加热，放入黄油块，将其融化，放入牛肉，煎至七成熟。
6 倒入调制好的锅底料，放入豆腐，再放入大葱段、魔芋丝、香菇、金针菇。
7 铺上苦菊，盖上锅盖，调高温焖3分钟至全部食材熟透即可食用。

蟹柳寿司小卷

日本　5分钟

黄瓜100克，米饭200克，鱼籽170克，蟹柳80克，海苔30克

盐2克，食用油适量

1 洗净的黄瓜切条。
2 用油起锅，倒入备好的鱼籽，炒出香味。
3 加入适量盐，翻炒约2分钟至熟。
4 关火后盛出炒好的鱼籽，装入盘中待用。
5 锅中注入适量清水烧开，倒入蟹柳，汆煮片刻。
6 关火后捞出汆煮好的蟹柳，沥干水分，装入盘中，备用。
7 取卷席，放上海苔，将米饭平铺在海苔上，放上鱼籽、黄瓜条、蟹柳。
8 卷成卷，按照相同的步骤卷其余的寿司。
9 将卷好的寿司切成段，放入盘中即可。

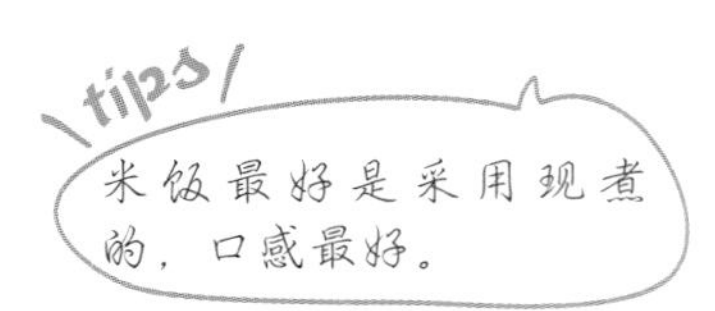

韩式泡菜手卷

韩国 3分钟

原料

五谷饭230克，牛肉160克，韩式泡菜50克，菠菜45克，海苔适量

调料

盐2克，白胡椒粉少许，料酒3毫升，水淀粉、食用油各适量

做法

1 将洗净的菠菜切长段；洗好的牛肉切开，再切片。
2 把牛肉片装入碗中，加入盐、料酒、白胡椒粉、水淀粉、食用油，拌匀，腌渍片刻。
3 锅中注水烧开，放入菠菜焯煮一会儿，断生后捞出，沥水。
4 热锅注油烧至三四成热，放入腌渍好的牛肉片，滑油片刻，至其断生后捞出，沥油待用。
5 将寿司帘放在案台上，铺上海苔，放入五谷饭，摊平。
6 放上滑好油的牛肉片，撒上焯熟的菠菜，放入韩式泡菜。
7 再卷起寿司帘，包成泡菜手卷，食用时分成小段，摆放在盘中即成。

紫菜包饭

 韩国 ⏰ 3分钟

原料

寿司紫菜1张，黄瓜120克，胡萝卜100克，鸡蛋1个，酸萝卜90克，糯米饭300克

调料

鸡粉2克，盐5克，寿司醋4毫升，食用油适量

做法

1 洗好去皮的胡萝卜切成条；洗好的黄瓜切成条；鸡蛋打入碗中，放入少许盐，打散。

2 锅中注油烧热，倒入蛋液，摊成蛋皮，取出，切成条。

3 锅中注入适量清水烧开，放入少许鸡粉、盐，倒入适量食用油。

4 放入切好的胡萝卜，搅散，煮1分钟，倒入黄瓜，略煮片刻，捞出。

5 将糯米饭倒入碗中，加入寿司醋、盐，搅拌匀。

6 取竹帘，放上寿司紫菜，将糯米饭均匀地铺在紫菜上，再压平。

7 分别放上胡萝卜、黄瓜、酸萝卜、蛋皮，卷起竹帘，压成紫菜包饭。

8 将压好的紫菜包饭切成大小一致的段，装入盘中即可。

tips

米饭一定要铺匀，最后的成品才美观。

肉松饭团

日本　3分钟

原料

米饭200克，肉松45克，海苔10克

做法

1 将保鲜膜铺在平板上，再铺上备好的米饭，压平。
2 铺上备好的肉松，将其包裹住。
3 捏制成饭团。
4 再包上海苔。
5 将剩余的材料依次制成饭团。
6 将做好的饭团装入盘中即可。

tips

捏饭团时可沾点温水，以免米饭粘在手上。

红米海苔肉松饭团

日本　32分钟

水发红米175克，水发大米160克，肉松30克，海苔适量

1 取一个干净的蒸碗，倒入洗净的红米、大米，注入适量清水，待用。
2 将海苔切粗丝，备用。
3 蒸锅上火烧开，放入蒸碗。
4 盖上盖，用中火蒸约30分钟，至食材熟软。
5 关火后揭盖，取出蒸好的米饭，放凉待用。
6 取一张保鲜膜铺开，倒入放凉的米饭。
7 撒上适量海苔丝，拌匀，再倒入备好的肉松。
8 拌匀，再分成两份，搓成饭团，系上海苔丝，作为装饰。
9 将做好的饭团放入盘中即成。

tips

食用时佐以芥末酱，口感会更佳。

泡菜甘蓝拌饭

韩国　3分钟

原料

米饭180克，泡菜60克，紫甘蓝45克，青椒35克，去皮胡萝卜50克，熟白芝麻适量

调料

盐2克，食用油适量

做法

1 洗净的青椒切丝；洗好去皮的胡萝卜切丝；洗净的紫甘蓝切丝；泡菜切丝。
2 用油起锅，倒入切好的紫甘蓝丝和胡萝卜丝，翻炒均匀。
3 倒入切好的青椒丝，翻炒约1分钟至蔬菜断生。
4 加入适量盐，炒匀调味。
5 关火后将炒好的蔬菜装盘待用。
6 取大碗，倒入米饭和炒好的蔬菜，拌匀，放入泡菜丝。
7 将材料拌至均匀，加入适量盐和白芝麻，拌匀调味。
8 将拌好的米饭装入碗中，撒上剩余白芝麻即可。

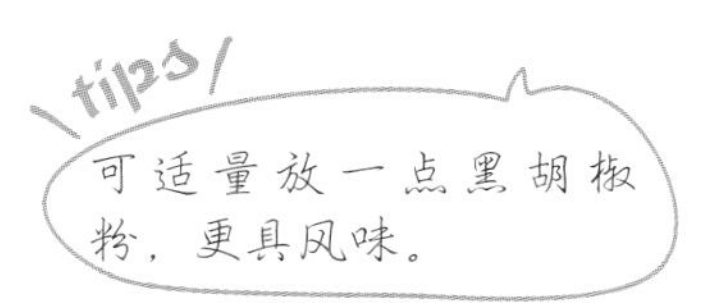

韩式石锅拌饭

韩国 5分钟

原料

米饭160克
牛肉100克
黄瓜90克
彩椒35克
金针菇60克
荷包蛋1个
熟白芝麻15克

调料

韩式辣椒酱20克
盐2克
生抽2毫升
料酒4毫升
白胡椒粉2克
水淀粉4毫升
食用油适量

做法

1 洗净的黄瓜切片，再切丝；洗净的彩椒切开，去籽，切条。

2 处理好的牛肉切片，装入碗中，加入盐、料酒、白胡椒粉。

3 再装入水淀粉、食用油，拌匀，腌渍片刻。

4 锅中注水烧开，倒入金针菇，汆煮至断生，捞出，沥水待用。

5 热锅注油烧热，倒入牛肉片，炒至转色。

6 淋入生抽，加入清水、水淀粉，翻炒均匀。

7 将炒好的牛肉片盛出，装入盘中，待用。

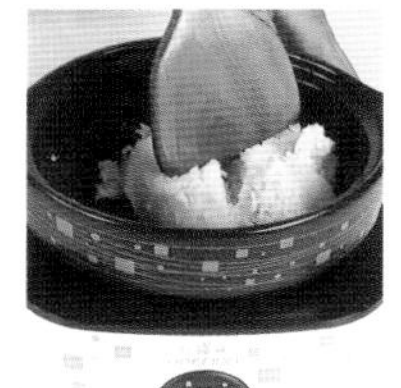

8 摆好电火锅，抹上食用油烧热，倒入米饭，炒热压散。

9 盖上锅盖，调整旋钮至高档，加热片刻。

10 掀开锅盖，加入牛肉、彩椒、黄瓜、金针菇。

11 再放入备好的荷包蛋、白芝麻。

12 盖上锅盖，调整旋钮至中低档，加热4分钟。

13 掀开锅盖，将其断电，倒入韩式辣椒酱即可。

美味鳗鱼炒饭

日本　5分钟

鳗鱼90克，火腿肠片40克，米饭160克，蛋液60克，葱花适量

盐3克，鸡粉2克，料酒5毫升，白胡椒粉2克，生抽4毫升，水淀粉、食用油各适量

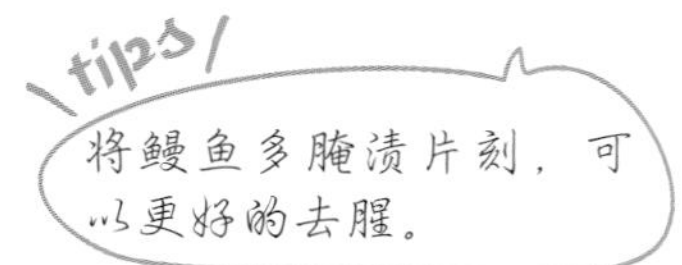

1 备好的鳗鱼切成小段，待用。
2 鳗鱼装入碗中，加入适量盐、料酒、白胡椒粉。
3 再加入适量生抽、水淀粉，拌匀，腌渍片刻。
4 热锅注油烧热，倒入鳗鱼，煎至两面微黄。
5 将鳗鱼盛出，装入碟子，待用。
6 锅底留油烧热，倒入蛋液，翻炒松散，倒入火腿肠片、米饭，快速翻炒匀。
7 淋入生抽，炒匀，加入盐、鸡粉，翻炒片刻至入味。
8 倒入备好的鳗鱼、葱花，翻炒出香味。
9 关火后将炒好的饭盛出装入碗中即可。

三文鱼炒饭

原料

冷米饭140克，鸡蛋2个，三文鱼80克，胡萝卜50克，豌豆30克，葱花少许

调料

盐2克，鸡粉2克，橄榄油适量

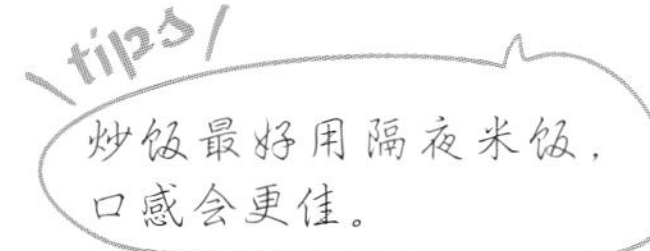

做法

1 洗净去皮的胡萝卜切片，再切条形，改切成丁。
2 处理干净的三文鱼切成片，再切条形，改切成丁。
3 锅中注水烧开，倒入备好的胡萝卜、豌豆，煮至断生，捞出焯煮好的食材，沥干水分，待用。
4 鸡蛋打入碗中，打散调匀，制成蛋液，备用。
5 锅置火上，加入少许橄榄油烧热，倒入蛋液。
6 翻炒成蛋花，倒入三文鱼，翻炒片刻，至其变色。
7 倒入米饭，快速翻炒至松散，放入焯好水的食材，翻炒均匀。
8 加入少许盐、鸡粉，炒匀调味，撒上少许葱花，翻炒出葱香味，盛入盘中即可。

海鲜咖喱炒饭

泰国　3分钟

原料

冷米饭300克，虾仁100克，咖喱膏25克，蛋液40克，胡萝卜35克，圆椒20克，洋葱15克，鸡肉丁45克

调料

盐、鸡粉各少许，食用油适量

炒咖喱膏时，多放点油，能缩短溶化时间。

做法

1 去皮洗净的胡萝卜切丁；洗好的洋葱切条形，再切丁；洗净的圆椒切条形，再切块。

2 用油起锅，倒入备好的蛋液，炒匀，至其五六成熟，关火后盛出。

3 锅底留油烧热，倒入鸡肉丁，炒匀，至其转色。

4 放入洗净的虾仁，翻炒一会儿，至虾身弯曲，盛出，装在小碟中，待用。

5 另起锅，注入少许食用油烧热，倒入咖喱膏，拌匀，至其溶化。

6 倒入洋葱丁、胡萝卜丁，放入圆椒块，炒匀炒香。

7 倒入炒过的虾仁和鸡丁，炒匀，放入冷米饭，炒散。

8 转小火，倒入炒好的鸡蛋，加入盐、鸡粉，炒匀调味，盛出装入盘中即可。

印尼炒饭

印度尼西亚　4分钟

原料

凉米饭200克，沙茶酱20克，包菜100克，胡萝卜120克，牛肉90克，虾米适量

调料

盐2克，鸡粉3克，生抽5毫升，食用油适量

做法

1 将洗净的包菜切成丝。
2 去皮洗好的胡萝卜切成片，再切成丝。
3 洗净的牛肉切成片，再切成丝。
4 用油起锅，放入牛肉丝，略炒。
5 倒入洗净的虾米，放入胡萝卜丝，炒匀炒香。
6 加入沙茶酱，炒匀，倒入米饭，炒松散。
7 放入生抽，炒匀，倒入包菜丝，炒匀。
8 放入盐、鸡粉，炒匀调味，关火后盛出，装入碗中即可。

tips

牛肉纤维组织较粗，应横着切，更易入味。

韩式南瓜粥

韩国　13分钟

去皮南瓜200克，糯米粉60克

冰糖20克

1 洗净的南瓜切片。
2 取一碗，放入糯米粉，注入适量清水，用筷子搅拌均匀，制成糯米糊。
3 蒸锅中注入适量清水烧开，放入南瓜。
4 加盖，大火蒸10分钟至熟。
5 揭盖，关火后取出蒸好的南瓜。
6 将蒸好的南瓜倒入碗中，压成泥状，待用。
7 砂锅中注入适量清水烧热，倒入南瓜泥、糯米糊、冰糖，拌匀。
8 稍煮片刻至入味，关火后将煮好的南瓜粥装入碗中即可。

什锦豆浆拉面

日本 5分钟

猪瘦肉80克，水发木耳35克，黄豆芽55克，生菜35克，豆浆300毫升，面条65克，熟白芝麻少许

盐2克，水淀粉7毫升，芝麻油适量

tips

面条下锅后，要搅拌匀，以免结成块。

1 洗净的猪瘦肉切片，再切成细丝。
2 把切好的肉丝装入碗中，加少许盐、水淀粉，拌匀。
3 淋入少许芝麻油，拌匀，腌渍片刻，至其入味，备用。
4 锅中注入适量清水烧开，放入腌好的瘦肉，拌匀。
5 倒入洗净的木耳，拌匀，煮至食材断生。
6 放入面条，用中火略煮一会儿。
7 倒入洗好的黄豆芽，拌匀，煮至断生，放入生菜，拌匀，煮至变软。
8 取一碗，加少许盐，倒入热豆浆，将锅中的食材装入碗中，撒上熟白芝麻即可。

tips
牛肉炒至几成熟可根据个人喜好和习惯。

越南风味葱丝挂面

越南　10分钟

牛肉100克
挂面80克
朝天椒圈10克
豆瓣酱10克
鱼酱20克
清水300毫升
清汤100毫升
大葱白25克
香葱10克
香菜少许

盐2克
黑胡椒粉2克
椰子油6毫升

1

洗净的香葱切成段；洗好的大葱切成丝；洗净的牛肉切片。

2

汤锅置火上，用大火烧热，放入一半椰子油、清水、清汤。

3

放入鱼酱、豆瓣酱，煮约1分钟至烧开，盛出汤料，待用。

4

炒锅置火上烧热，倒入剩余的椰子油。

5

放入切好的牛肉片，炒约2分钟至转色。

6

加入盐、黑胡椒粉，炒匀调味，盛出炒好的牛肉片，待用。

7

洗净的汤锅注水，大火烧开，放入挂面。

8

煮约90秒至熟软，捞出煮熟的挂面。

9

四周放入洗净的香菜，中间放入炒好的牛肉片。

10

放上切好的香葱段、大葱丝，加上朝天椒圈。

11

浇上煮好的汤料即可。

纳豆荞麦面

日本　13分钟

原料

荞麦面160克，鸡蛋1个，日式高汤120毫升，纳豆55克，海苔10克

调料

葱花少许

做法

1 将鸡蛋打入碗中，搅散，放入备好的纳豆，搅拌一会儿，制成蛋液，待用。
2 锅中注入适量清水烧开，放入备好的荞麦面。
3 拌匀，用中火煮约4分钟，至面条熟透。
4 捞出煮熟的面条，沥干水分，待用。
5 另起锅，倒入备好的日式高汤，拌匀。
6 用大火煮约3分钟，至汤汁沸腾，待用。
7 取一个碗，倒入煮熟的面条，撒上备好的海苔。
8 倒入调好的蛋液，再盛入锅中的汤汁，点缀上葱花即成。

tips

拌鸡蛋时加少许盐，这样成品的味道会更好。

日式海苔凉面

日本　1分钟

原料

熟荞麦面350克，海苔25克，陈醋45毫升，酱油35毫升，酸梅末12克，日式高汤450毫升

调料

胡椒粉少许

做法

1 将备好的海苔剪成粗丝。
2 取一大碗，注入日式高汤，倒入酸梅末。
3 注入备好的酱油和陈醋，撒上少许胡椒粉。
4 搅拌一会，至调味料溶于汤汁中。
5 另取一小碗，盛入调好的冷面汁即可。
6 取一汤碗，盛入适量的熟荞麦面。
7 注入适量的日式冷面汁。
8 撒上海苔丝，食用时拌匀即成。

tips

食用时淋入芝麻油，面条的口感更爽滑。

韩式冷面

韩国 10分钟

原料

荞麦面100克，水发海带45克，黄瓜65克，去皮胡萝卜60克，泡菜汁60毫升，高汤130毫升

调料

韩式辣椒酱30克

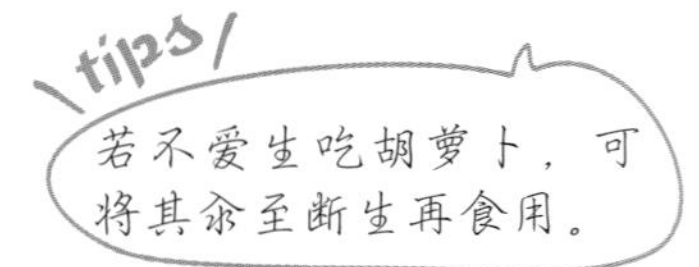

做法

1 泡好的海带切成丝；洗净的黄瓜切成丝；洗好去皮的胡萝卜切成丝。
2 锅置火上，倒入高汤、泡菜汁、韩式辣椒酱，搅至均匀，煮开成面汤。
3 关火后盛出煮好的面汤，装碗，放凉待用。
4 沸水锅中倒入荞麦面，煮约3分钟至熟软，捞出煮好的荞麦面，过凉水后沥干水分，装碗待用。
5 锅中继续倒入切好的海带丝，汆烫一会儿至断生，捞出汆好的海带丝，沥干水分，装碟待用。
6 将切好的黄瓜丝和胡萝卜丝放在荞麦面上，再放入汆好的海带丝，拌匀。
7 将拌好的食材装入干净的碗中，再加入放凉的面汤即可。

海鲜乌冬面

日本　6分钟

原料

乌冬面200克，墨鱼170克，红彩椒30克，黄彩椒25克，虾仁55克，洋葱40克，芥末15克，香菇45克，日式酱油10毫升，蒜末少许

调料

盐1克，鸡粉2克，番茄酱10克，料酒5毫升，白糖3克，食用油适量

tips

虾仁和墨鱼汆过水，炒的时候不宜过久。

做法

1 洗净的红彩椒、黄彩椒、香菇均切条；洗好的洋葱切丝；洗净的墨鱼切小块。

2 沸水锅中倒入乌冬面，汆煮3分钟，捞出；再倒入墨鱼，汆煮至断生，捞出，沥干水分。

3 再倒入虾仁煮至转色，捞出。

4 用油起锅，倒入蒜末爆香，倒入洋葱，炒至断生，放入番茄酱、虾仁和墨鱼，炒匀。

5 放入彩椒和香菇，翻炒约1分钟，淋入料酒，注入适量清水。

6 放入芥末，翻炒均匀，倒入汆熟的乌冬面，炒约1分钟至熟软。

7 加入盐、鸡粉、白糖，翻炒1分钟，淋上日式酱油。

8 炒至入味，盛入盘中即可。

日式咖喱炒面

日本　2分钟

熟粗面300克，包菜50克，洋葱30克，西红柿130克，虾仁65克，咖喱膏20克，蒜片少许

盐2克，鸡粉2克，食用油适量

1 处理好的洋葱切成片；洗净的包菜切粗丝；洗净的西红柿切成片。
2 处理好的虾仁切开，剔去虾线。
3 用油起锅，倒入洋葱、虾仁，炒香，倒入包菜，快速翻炒匀。
4 放入西红柿，翻炒片刻至熟软，关火后将炒好的食材盛出装入盘中待用。
5 热锅注油烧热，倒入蒜片，炒香，放入咖喱膏，翻炒至融化。
6 倒入熟粗面，快速翻炒均匀。
7 倒入炒制过的食材，翻炒片刻。
8 加入少许盐、鸡粉，炒匀调味，关火后将炒好的面盛出装入盘中即可。

泰式炒米粉

泰国　5分钟

原料

红葱头（炸好的）40克，蒜末（炸好的）20克，韭菜80克，红椒50克，猪瘦肉70克，泰式甜辣酱30克，水发米粉175克

调料

鸡粉2克，生抽5毫升，老抽3毫升，鱼露、食用油各适量

做法

1 洗好的韭菜切段；洗净的红椒切丝；洗好的瘦肉切片。
2 用油起锅，倒入瘦肉片，炒约1分钟至转色。
3 倒入泰式甜辣酱，放入炸过的蒜末、炸过的红葱头，炒香炒匀。
4 倒入米粉，翻炒约1分钟至熟。
5 放入红椒丝，翻炒均匀。
6 加入生抽、老抽、鱼露，翻炒一会儿至着色均匀。
7 加入鸡粉，倒入切好的韭菜，翻炒约1分钟至熟。
8 关火后将炒米粉盛入盘子即可。

香肠蛋饼

尼泊尔　21分钟

原料

鸡蛋2个，香肠1根，牛奶100毫升

调料

盐、胡辣粉各适量

做法

1 香肠切圆片，装盘待用。
2 鸡蛋打入碗中，搅拌至微微起泡。
3 缓缓倒入牛奶，不停搅拌。
4 加入盐、胡辣粉，搅拌均匀，制成蛋液。
5 取出电饭锅，放入切好的香肠，平铺均匀。
6 倒入拌好的蛋液。
7 盖上盖子，选择“蒸煮”功能，蒸煮20分钟至蛋饼成形。
8 打开盖子，将蒸好的蛋饼装盘即可。

tips

可加入适量葱花，味道更香浓。

泡菜海鲜饼

韩国　5分钟

原料

猪肉末85克，虾仁55克，洋葱45克，泡菜40克，面粉170克，葱丝、红椒丝各少许

调料

盐3克，鸡粉少许，料酒3毫升，水淀粉、食用油各适量

tips

用温开水调制面糊，饼坯更易成形。

做法

1 将洗净的洋葱切碎末；洗好的泡菜切细末；洗净的虾仁切碎。
2 取一大碗，倒入备好的肉末，放入虾仁末、泡菜、洋葱，加入盐、鸡粉、料酒。
3 倒入适量水淀粉，快速搅拌匀，制成肉酱，待用。
4 将备好的面粉装入碗中，倒入肉酱，注入清水，拌匀，制成肉面糊。
5 取拌好的肉面糊，分成数个小肉团，再做成饼坯，放在盘中，待用。
6 煎锅置火上，注入食用油烧热，放入做好的饼坯，轻轻移动，煎出香味。
7 再翻转饼坯，用中小火煎约3分钟，至食材熟透。
8 关火后盛出煎熟的海鲜饼，装入盘中，摆好，点缀上葱丝和红椒丝即成。

灌汤包

中国　35分钟

原料

皮冻75克
面粉135克
肉末90克
虾仁末50克
葱花少许
姜末少许

调料

盐2克
鸡粉2克
料酒5毫升
生抽4毫升
芝麻油4毫升
食用油适量

做法

1

备好的皮冻切片，再切成条，改切方块。

2

取一个碗，倒入肉末、虾仁末、葱花、姜末。

3

加入盐、鸡粉、料酒、生抽、芝麻油，搅拌匀，待用。

4

取一个碗，倒入120克面粉，注入适量清水，搅拌均匀。

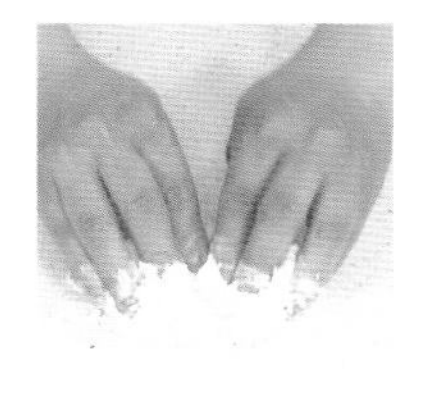

5

将面粉倒在平板上，充分混合均匀，制成面团。

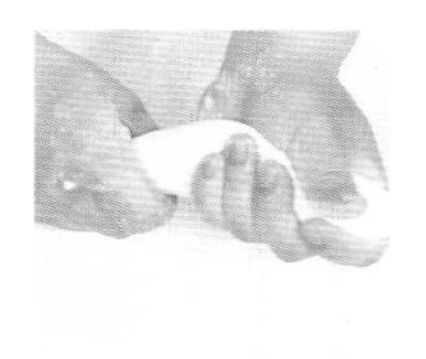

6

再撒上少许面粉，将面团揉成长条。

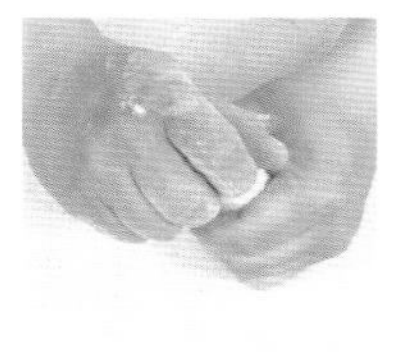

7

再揪成六个大小均等的剂子。

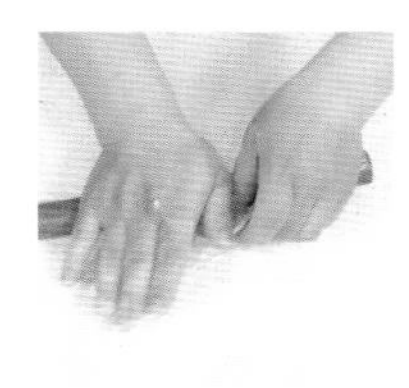

8

将剂子压扁，再用擀面杖擀成包子皮。

9

取适量肉馅放在包子皮上，再放上一块皮冻。

10

然后将包子皮往中心折好，制成包子。

11

取一个盘，抹上适量食用油，摆放好包子。

12

电蒸锅注水烧开，放入包子，蒸15分钟至包子熟透。

13

掀开盖，将包子取出即可。

红豆玉米粽子

中国　110分钟

粽叶若干，粽绳若干，水发糯米160克，玉米粒25克，水发红豆30克

1. 将备好的玉米粒、泡发过的红豆倒入已泡发的糯米中，拌匀制成馅料，待用。
2. 将浸泡过的粽叶铺平，剪去两端。
3. 将粽叶从中间折成漏斗状，往粽叶中放入适量的馅料，用勺子压平。
4. 将粽叶贴着馅料往下折，再将右叶边向下折，左叶边向下折，分别压住。
5. 再将粽叶多余部分捏住，贴住粽体。
6. 用浸泡过的粽绳缠紧，系牢固。
7. 其他的粽叶采用相同的方法做成粽子，放入盘中待用。
8. 电蒸锅注水烧开，放入粽子，加盖，煮1.5小时。
9. 揭盖，将煮好的粽子捞出放入盘中，剥开即可食用。

tips

糯米可用温水泡发，这样能缩短泡发时间。

什锦大阪烧

日本　5分钟

\tips/

调面糊时不宜注入太多清水，以免影响口感。

包菜55克，四季豆70克，胡萝卜50克，鸡蛋1个，面粉95克，肉末65克，柴鱼片、海苔丝各少许，沙拉酱适量

盐、食用油各适量

1 将洗净去皮的胡萝卜切片，再切细丝；洗好的包菜切丝；择洗干净的四季豆斜刀切片。
2 把面粉倒入碗中，加入切好的四季豆。
3 放入胡萝卜丝和包菜丝，拌匀，加入肉末，搅散。
4 打入鸡蛋，拌匀，加入盐，快速搅拌一会儿。
5 再分次注入适量清水，拌匀，调成面糊，待用。
6 煎锅置火上，注入适量食用油，烧热，放入面糊，铺开、摊平。
7 用中小火煎一会儿，呈圆饼型，再来回翻转圆饼，至两面熟透。
8 关火后盛入盘中，挤上沙拉酱，撒上柴鱼片和海苔丝即可。

三丝炸春卷

中国　10分钟

原料

木耳丝35克，韭黄段40克，胡萝卜丝60克，魔芋丝70克，肉末80克，香菇丝45克，低筋面粉30克，春卷皮数张

调料

盐3克，白糖3克，鸡粉3克，蚝油5克，芝麻油4毫升，生粉4克，食用油适量

做法

1 把肉末倒入碗中，放入适量盐，搅拌。
2 加入香菇、木耳、胡萝卜、韭黄、魔芋。
3 放白糖、鸡粉、蚝油、芝麻油，拌匀，加少许生粉，拌匀，制成馅料。
4 低筋面粉加少许清水，搅成糊状。
5 取适量馅料放在春卷皮上，两边向中间对折。
6 包裹好，抹上少许面糊封口，制成生坯。
7 热锅注油烧至五六成热，放入春卷生坯，炸至金黄色。
8 把炸好的春卷捞出，沥干油分，将春卷装盘即可。

tips

魔芋丝焯水后用凉水浸泡，可增加嚼劲。

上海锅贴

中国　60分钟

肉末80克，面粉155克，姜末、葱花各少许

盐、鸡粉、白胡椒粉、五香粉各3克，芝麻油、生抽、料酒各5毫升，食用油适量

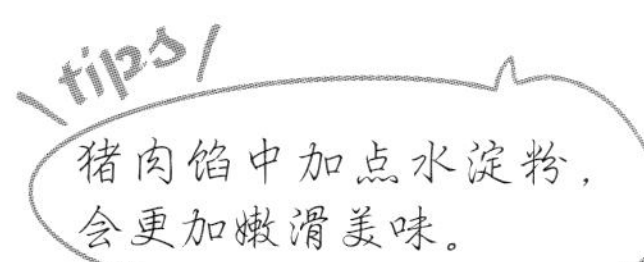

1 取一碗，倒入130克面粉、温水，拌匀，和成面团，用保鲜膜包裹严实，醒15分钟。
2 往肉末中倒入姜末、葱花，加入盐、鸡粉、白胡椒粉、料酒、五香粉、芝麻油、生抽，充分拌匀，腌渍10分钟。
3 撕开保鲜膜，取出面团，揉成长条，再分成若干个剂子。
4 往剂子上撒上适量的面粉，将剂子压扁成饼状，再撒上适量的面粉。
5 将其擀至成薄面皮，放上肉末，将面皮边缘捏紧，制成锅贴生胚。
6 热锅注油烧热，加入少许的清水，将锅贴生胚整齐地摆放在锅中。
7 加盖，大火煎约6分钟至锅内水分完全蒸发，揭盖，夹出煎好的锅贴放入盘中即可。

日式乳酪面包

日本　15分钟

tips

面团多揉一会儿，能使成品更爽滑入味。

原料

高筋面粉250克
酵母4克
奶粉25克
黄油35克
纯净水100毫升
蛋黄25克
蛋糕油5克
面粉100克

调料

白糖100克

做法

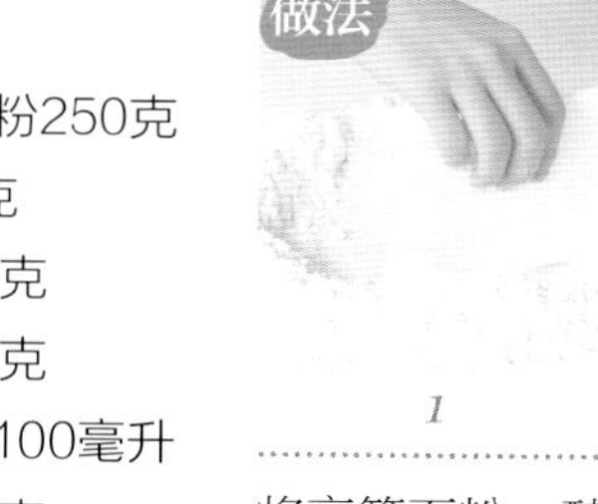

1 将高筋面粉、酵母、15克奶粉倒在面板上，拌均匀，铺开。

2 倒入50克白糖，再放蛋黄拌匀。

3 加入适量纯净水，搅拌均匀，用手按压成型。

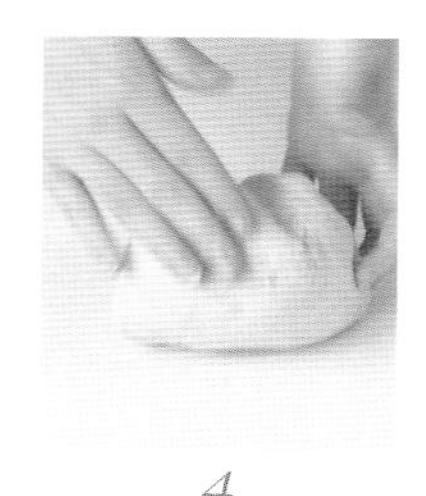

4 加入黄油，揉至表面光滑。

5 准备电子秤，称取4个60克左右的面团。

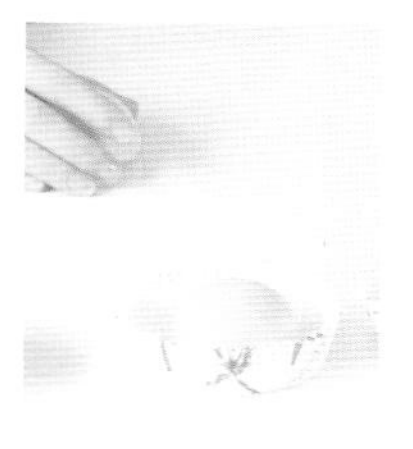

6 将面团揉成圆球形状，放入纸杯当中。

7 静置片刻，至面团发酵至两倍大左右。

8 将剩余白糖倒进容器，加入纯净水，拌匀。

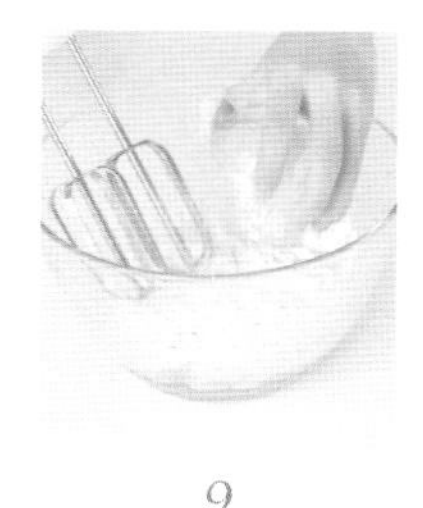

9 加入面粉、奶粉、蛋糕油，拌好待用。

10 把备好的裱花袋撑开，放入拌好的材料。

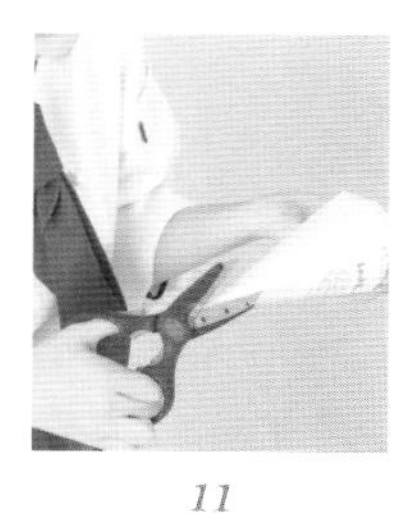

11 用剪刀剪出一个适量大小的口。

12 将材料挤在发酵好的面团上，放上烤盘。

13 放入烤箱中，以上火170℃、下火170℃烤15分钟，取出即可。

tips
蛋糕静置几分钟再入烤箱，成品表面更光滑。

北海道戚风蛋糕

日本 16分钟

原料

低筋面粉85克
泡打粉2克
色拉油40毫升
蛋黄75克
牛奶180毫升
蛋白150克
塔塔粉2克
鸡蛋1个
玉米淀粉7克
黄油7克
淡奶油100克

调料

细砂糖145克

做法

1

将25克白糖、蛋黄倒入容器中，搅拌均匀。

2

加入75克低筋面粉、泡打粉拌匀。

3

倒入30毫升牛奶，拌匀，再倒入色拉油，搅拌均匀，待用。

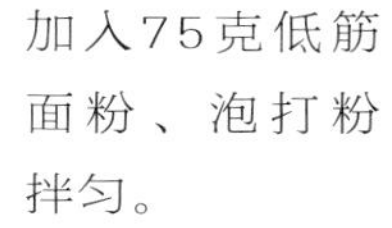

4

准备一个容器，加入90克白糖、蛋白、塔塔粉。

5

抹匀之后用刮板将食材刮入前面的容器中，搅拌均匀。

6

另备一个干净的容器，倒入鸡蛋、剩余白糖，打发起泡。

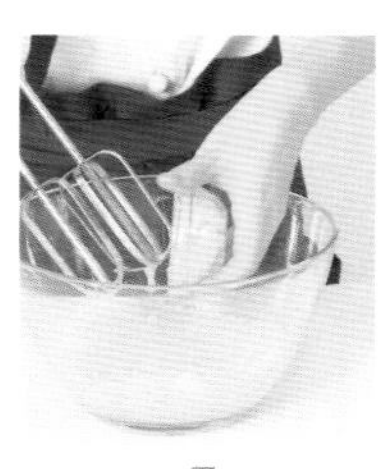

7

加入低筋面粉、玉米淀粉。

8

倒入黄油、淡奶油、牛奶，搅拌均匀，制成馅料，待用。

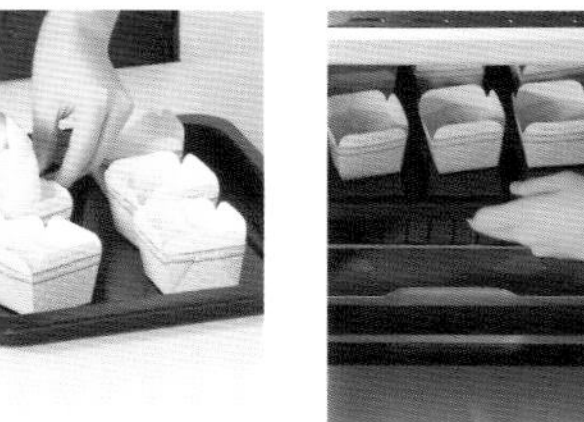

9

将步骤5中拌好的食材刮入蛋糕纸杯中，约至六分满，放入烤盘。

10

烤盘入烤箱，以上火180℃、下火160℃烤15分钟，取出。

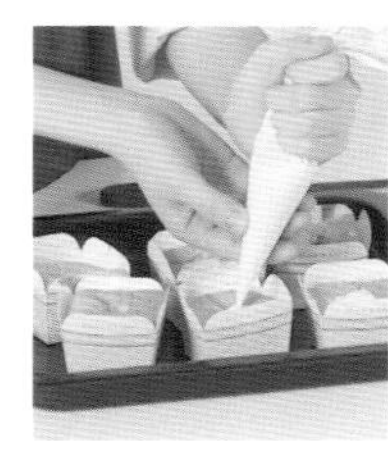

11

将馅料装入裱花袋，剪去约1厘米，挤在蛋糕表面即可。

榴莲冰激凌

泰国 5小时20分

原料

牛奶300毫升，植物奶油300克，蛋黄2个，玉米淀粉15克，榴莲肉200克

调料

糖粉150克

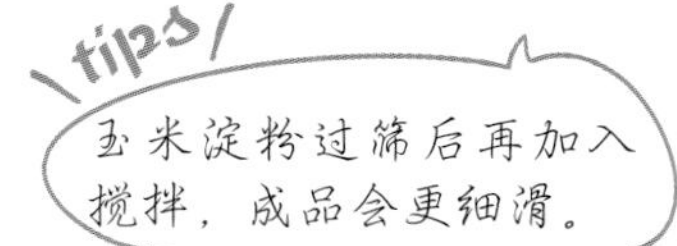

tips

玉米淀粉过筛后再加入搅拌，成品会更细滑。

做法

1 玻璃碗中倒入榴莲肉，打成泥状，待用。
2 锅中倒入玉米淀粉，加入牛奶，开小火，用搅拌器搅拌均匀。
3 用温度计测温，煮至80℃关火，倒入糖粉，搅拌均匀，制成奶浆，待用。
4 玻璃碗中倒入蛋黄，用搅拌器打成蛋液。
5 待奶浆温度降至50℃，倒入蛋液中，搅拌均匀。
6 倒入植物奶油，搅拌均匀，制成浆汁。
7 将浆汁倒入榴莲泥中，用搅拌器搅匀，制成冰激凌浆。
8 将冰激凌浆倒入保鲜盒，封上保鲜膜，放入冰箱冷冻5小时至定形。
9 取出冻好的冰激凌，撕去保鲜膜，用挖球器将冰激凌挖成球状即可。

Part 3

美洲佳肴，包罗万象的“食尚”体验

美洲的美食如同其文化特质一般，大气时包罗万象，小气时如同小家碧玉。当美洲美食带着浓郁的异域情调缓缓袭来，一颗颗吃货的心“无奈”地被俘获。一起来体验这“惊喜”的一刻吧。

烤猪肋排

美国　43分钟

原料

猪肋骨1块（300克）
白洋葱30克
蒜末5克
蜂蜜30克
辣椒粉8克
黑胡椒5克
迷迭香适量
圣女果适量

调料

盐2克
鸡粉2克
生粉2克
生抽3毫升

做法

1 将洗净的猪肋排斜刀划上网格花刀；处理好的白洋葱切粒。

2 备好的迷迭香撕成小段，用刀切碎，待用。

3 取一个大盘，放入洋葱、黑胡椒、蒜末、辣椒粉。

4 加入盐、鸡粉，倒入生粉、蜂蜜。

5 注入清水，淋入生抽，搅拌匀制成腌料。

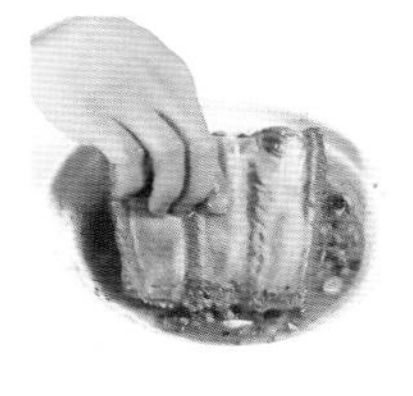

6 倒入适量迷迭香，搅拌匀，放入猪肋排。

7 均匀地将两面粘上腌料，腌渍至入味。

8 将锡纸铺在烤盘上，放入腌渍好的猪肋排，再将烤盘放入备好的烤箱中。

9 盖上烤箱门，将上、下温度调至180℃。

10 烤40分钟至猪肋排熟透，取出。

11 将猪肋排放在砧板上，切成方便食用的条状。

12 在盘中做上装饰，摆放上圣女果。

13 放上烤好的猪肋排，再点缀些叶菜碎即可。

炭烤肉排

巴西　25分钟

原料

肉排3根

调料

孜然粉、OK酱、烤肉酱各5克，盐、鸡粉各3克，烧烤汁10毫升，食用油适量

做法

1 肉排洗净切花刀，表面撒上盐、鸡粉、孜然粉，抹匀。
2 均匀地淋入烧烤汁，抹匀。
3 将肉排翻面，重复前面的操作，倒入食用油，抹匀，腌渍至其入味，备用。
4 在烧烤架上刷食用油，放入肉排，用小火烤至上色。
5 将肉排翻面，刷上少许食用油，用小火续烤5分钟，刷上食用油、烧烤汁、烤肉酱、OK酱。
6 将肉排翻至侧面，用小火烤3分钟，再刷上少许食用油、烧烤汁、烤肉酱、OK酱。
7 将肉排翻至另一侧面，用小火烤3分钟，刷上少许食用油，翻面，用小火烤3分钟。
8 边翻转肉排，边刷烤肉酱，烤约1分钟，装盘即可。

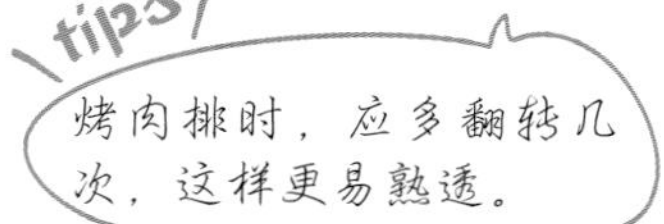

黑椒牛仔骨

美国　3分钟

原料

牛仔骨300克，蒜末10克，洋葱粒5克，黑胡椒10克，蒙特利牛排料5克

调料

白兰地、橄榄油各适量

1 处理好的牛仔骨装入盘中，铺平，再撒上备好的蒜末、洋葱粒，铺匀。
2 加入蒙特利牛排料、黑胡椒，抹匀。
3 淋上适量橄榄油，腌渍片刻。
4 热锅注入适量橄榄油烧热，放入牛仔骨，煎出香味。
5 将牛仔骨翻面，略煎片刻，淋入白兰地。
6 续煎片刻去除酒精味，煎至七成熟。
7 关火，取一个盘子，做上装饰。
8 将煎好的牛仔骨盛出装入盘中即可。

tips

煎时宜常翻动，以免煎老了。

黑椒培根杏鲍菇肥牛

美国　13分钟

原料

肥牛60克
杏鲍菇50克
西红柿60克
西蓝花40克
洋葱10克
黄油20克
培根40克
黑胡椒3克

调料

盐4克
牛骨汤粉适量
面粉水适量
橄榄油适量
老抽适量

tips

培根可煎得焦一点，味道会更鲜香。

做法

1

处理好的洋葱切粒；培根切块；洗净的杏鲍菇切厚片。

2

洗净的西蓝花切成小朵；肥牛切成小块；洗净的西红柿切成片。

3

锅中放入黄油、杏鲍菇，煎出香味，再放入少许黄油，煎至两面金黄色，盛出。

4

热锅中放入培根煎出焦香味和油脂，装入盘中。

5

再将适量黄油倒入锅中烧至化，放入肥牛，煎出香味。

6

放入适量盐、黑胡椒，煎至入味，装入盘中。

7

锅中注入适量的清水烧开，放入盐、橄榄油。

8

倒入西蓝花，搅拌片刻煮至断生，捞出。

9

将适量黄油倒入热锅中，烧化，倒入洋葱、黑胡椒，炒匀。

10

注入少许清水，放入盐，拌匀，煮至沸。

11

放入牛骨汤粉，煮至收汁。

12

加入面粉水、老抽，搅拌匀制成酱汁。

13

将制作好的黑椒汁盛出，装入碗中，待用。

14

取一个大盘，做上装饰，放入西蓝花、西红柿、杏鲍菇。

15

再摆上肥牛、培根，浇上适量酱汁即可。

蜜汁烤鸡腿

美国 25分钟

原料

鸡腿3个（250克）
香叶适量
烤肉酱15克
蜂蜜20克

调料

生抽10毫升
老抽3毫升
盐2克
鸡粉2克
黑胡椒粉适量
白胡椒粉适量
芝麻油适量

做法

1 取一碗，放入洗净的鸡腿，再加入盐、鸡粉、黑胡椒粉。

2 再放入白胡椒粉，淋入适量生抽，加入老抽。

3 放入蜂蜜、烤肉酱，淋入芝麻油，抓匀，腌渍至入味。

4 取一个小碗，倒入蜂蜜、烤肉酱，淋入生抽。

5 再放入香叶，用勺子拌匀，淋入芝麻油，制成烤肉汁。

6 取烤盘，铺上锡纸，放入腌渍好的鸡腿，待用。

7 放入烤箱，将上火温度调为160℃，下火温度调为150℃，烤5分钟。

8 打开箱门，在鸡腿上刷上烤肉汁，续烤5分钟。

9 将鸡腿翻面，刷上烤肉汁，再烤约5分钟。

10 将箱门打开，再次刷上酱汁。

11 关上箱门，烤10分钟至入味，取出烤盘。

12 取一盘，随个人喜好装饰上蔬菜，再将烤好的鸡腿放入。

13 再摆放上少许装饰蔬菜即可。

新奥尔良烤翅

美国 20分钟

原料

鸡中翅6个（200克），新奥尔良腌料8克，辣椒粉5克，西生菜适量

调料

食用油适量

做法

1 取一个大碗，放入处理好的鸡中翅，倒入新奥尔良腌料、辣椒粉。
2 淋上食用油，搅拌匀，腌渍至入味。
3 取烤盘，铺上锡纸，摆放好鸡中翅，待用。
4 备好烤箱，打开箱门，将烤盘放入。
5 关上箱门，将上火温度调至150℃，选择“上下烤”功能，将下火温度调至150℃，烤20分钟。
6 打开箱门，将烤盘取出。
7 在备好的盘中随意装饰些西生菜，将鸡翅放入即可。

tips

鸡翅腌渍时可加点红酒，味道更佳。

串烧三文鱼

智利　5分钟

原料

三文鱼150克，圆椒、彩椒各适量

调料

盐3克，白胡椒粉、孜然粉、烧烤粉各5克，烧烤汁8毫升，柠檬、食用油各适量

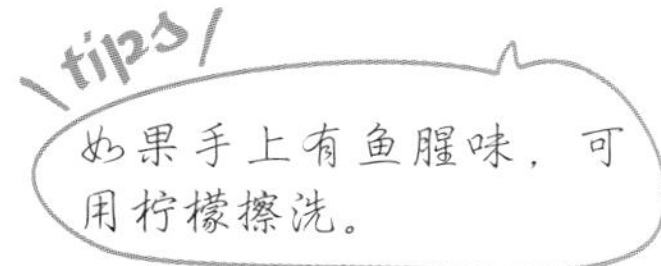

如果手上有鱼腥味，可用柠檬擦洗。

做法

1 将洗净的圆椒、彩椒分别切成小块，待用；洗好的三文鱼切成小块，装入碗中，待用。
2 碗中放入适量盐、烧烤粉、孜然粉、烧烤汁、白胡椒粉，淋入适量食用油。
3 挤入适量柠檬汁，拌匀，腌渍至其入味。
4 用烧烤针将圆椒、彩椒、三文鱼依次穿成串，备用。
5 在烧烤架上刷适量食用油，将烤串放在烧烤架上，用中火烤2分钟至变色。
6 翻面，刷上适量食用油、烧烤汁，用中火续烤2分钟至烤串变色。
7 再翻面，刷上少量烧烤汁，烤约1分钟至熟。
8 将烤好的三文鱼串装入盘中即可。

tips
三文鱼一定要熟透，否则不宜消化。

香煎三文鱼

加拿大　8分钟

原料

三文鱼250克
青豆30克
小土豆片90克
玉米粒60克
莳萝草碎10克
柠檬片适量

调料

盐3克
鸡粉3克
白胡椒粉3克
橄榄油适量

做法

1

往三文鱼两面撒上适量的盐、白胡椒粉，抹匀。

2

撒上莳萝草碎，挤上柠檬汁，腌渍片刻。

3

热锅注入适量的橄榄油，烧热。

4

倒入土豆片、玉米粒、青豆，翻炒匀。

5

加入适量盐、鸡粉，炒匀入味。

6

将食材盛入盘中待用。

7

另起锅，注入适量的橄榄油，再放上腌渍好的三文鱼。

8

煎至三文鱼表面呈焦黄色，盛入盘中待用。

9

取盘，放入玉米、青豆、土豆片、三文鱼，摆好即可。

tips
龙利鱼易熟，油炸时宜用小火，以免炸焦。

香酥龙利鱼排

美国　4分钟

原料

龙利鱼150克
柠檬1片
鸡蛋液60克
面粉40克
面包糠40克

调料

白葡萄酒5毫升
盐3克
白胡椒粉3克
橄榄油适量

做法

1

往备好的龙利鱼两面挤上柠檬汁，淋上白葡萄酒，抹匀。

2

撒上盐、白胡椒粉，充分抹匀，腌渍15分钟。

3

往腌渍好的龙利鱼两面抹上适量面粉。

4

再往龙利鱼两面淋上鸡蛋液。

5

倒入面包糠，抹匀，待用。

6

热锅注入适量的橄榄油，烧至八成热。

7

放入龙利鱼，炸至龙利鱼表面呈金黄色。

8

将油炸好的龙利鱼取出，待用。

9

将龙利鱼切成两半，摆入装饰好的盘中即可。

tips
扇贝浸水加芝麻油泡片刻，可让其吐尽泥沙。

新奥尔良煎扇贝

美国　8分钟

原料

扇贝肉60克
扇贝壳3个
洋葱碎10克
柠檬片1片
蒜末10克
新奥尔良粉20克
蟹味菇50克
黄油适量

白葡萄酒3毫升
橄榄油适量

1

取一个干净的盘子，再放上备好的扇贝肉。

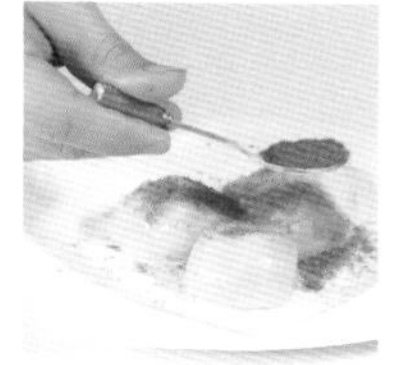

2

撒上适量新奥尔良粉，挤上柠檬汁，和匀。

3

淋上白葡萄酒、橄榄油，拌匀，腌渍片刻。

4

热锅注入适量橄榄油，烧热。

5

倒入蒜末、洋葱，炒出香味。

6

再倒入蟹味菇，炒匀。

7

将炒好的食材盛入盘中待用。

8

另起锅，倒入适量的黄油，加热至化。

9

倒入扇贝肉，煎至焦黄色，盛入碗中。

10

取一盘，将扇贝壳摆放在盘中。

11

往扇贝壳中放入蟹味菇、扇贝肉即可。

魔鬼蛋

美国　2分钟

鸡蛋3个，黄彩椒15克，红彩椒15克，蛋黄酱30克，法式芥末酱15克，柠檬草叶适量

盐、胡椒粉、鸡粉、橄榄油、白洋醋各适量

1 处理好的红彩椒切条，切粒；洗净的黄彩椒去籽，切条，切粒。

2 奶锅中注入适量的清水，大火烧开，放入鸡蛋，盖上盖，开大火煮至熟。

3 揭开盖，将鸡蛋捞出，放凉，剥去蛋壳，待用。

4 将鸡蛋对半切开，分离蛋白和蛋黄，将蛋黄装入碗中，蛋白底部切平。

5 往装有蛋黄的碗中加入鸡粉、胡椒粉、盐。

6 淋上蛋黄酱，加入法式芥末酱，淋入白洋醋、橄榄油，搅匀至入味。

7 将制好的蛋黄泥装入裱花袋，剪去袋尖。

8 将蛋黄泥挤入鸡蛋白中，撒上彩椒粒，插上柠檬草叶装饰即可。

脆炸洋葱圈

美国　6分钟

原料

面粉70克，洋葱80克，鸡蛋60克

调料

盐2克，白糖5克，食用油适量

做法

1 洗净的洋葱切圈，拆出洋葱圈，去除内部白色薄膜。
2 备好空碗，倒入面粉，打入鸡蛋，一边注入适量清水（约20毫升）一边搅匀。
3 倒入少许食用油，同时不停搅拌，稍稍搅散后撒入白糖，再次搅拌均匀，成光滑脆浆即可。
4 往处理好的洋葱圈上撒盐，抓匀。
5 用油起锅，烧至160℃（开始冒出小泡）。
6 将沾盐的洋葱圈裹匀脆浆。
7 再把裹了脆浆的洋葱圈放入油锅中，炸约4分钟成金黄色。
8 捞出炸好的洋葱圈，沥干油分，装盘即可。

牛油果沙拉

墨西哥　2分钟

原料

牛油果300克，西红柿65克，柠檬60克，青椒35克，红椒40克，洋葱40克，蒜末少许

调料

黑胡椒2克，橄榄油、盐各适量

做法

1 洗净的青椒切开，去籽，切成丁；洗好的洋葱切成块。
2 洗净的红椒切开，去籽，切成条，再切丁。
3 洗净的西红柿切片，切条，改切丁。
4 洗净的牛油果对半切开，去核，挖出瓤，留取牛油果盅备用，将瓤切碎。
5 取一个碗，放入洋葱、牛油果、西红柿。
6 再放入青椒、红椒、蒜末。
7 加入盐、黑胡椒、橄榄油，搅拌均匀。
8 将拌好的沙拉装入牛油果盅中，挤上少许柠檬汁即可。

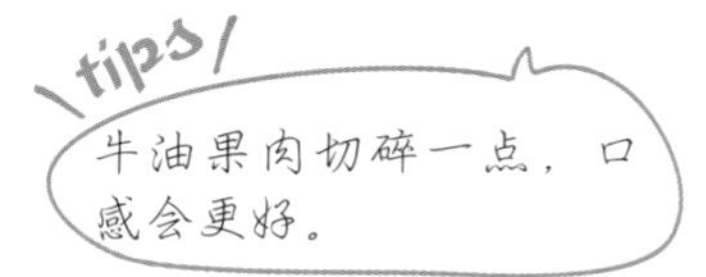

仙人掌沙拉

食用仙人掌200克，胡萝卜100克，沙拉酱30克，蛋液70克

盐2克

1 洗净去皮的胡萝卜切片，再切条，改切丁。
2 洗净的仙人掌去皮，再切条，改切丁。
3 蛋液装入碗中，再将碗放入烧开的蒸锅里，加盖，用中火蒸7分钟。
4 揭盖，将蒸好的鸡蛋羹取出，把鸡蛋羹切成小块，待用。
5 锅中注入适量清水烧开，倒入胡萝卜、仙人掌，煮约2分钟至熟。
6 把食材捞出，沥干水分，待用。
7 将胡萝卜、仙人掌装入碗中，加入鸡蛋羹。
8 放入适量盐，拌匀，放上沙拉酱即可。

tips

蒸鸡蛋羹宜用中火，口感最嫩滑爽口。

tips
沙拉中加入新鲜水果，
口感、营养更丰富。

蛋黄土豆泥沙拉

美国　3分钟

熟鸡蛋1个
黄瓜片30克
西红柿80克
熟土豆块100克

橄榄油适量
淡奶油适量
盐3克
鸡粉3克
白糖3克

1

洗净的西红柿去蒂，切成片。

2

熟鸡蛋切开，取出蛋黄，将蛋白切碎。

3

再将蛋黄也切碎，待用。

4

用勺子将备好的熟土豆块压成泥状，待用。

5

往土豆泥中倒入蛋白碎。

6

加入盐、鸡粉、白糖、橄榄油。

7

淋上适量淡奶油，用勺子充分搅拌，制成沙拉酱，待用。

8

盘中放上三片黄瓜片成叶子形状，在叶柄处放上一片西红柿。

9

再在每片西红柿上放上沙拉酱，最后撒上蛋黄碎即可。

华尔道夫沙拉

美国　3分钟

原料

黄瓜65克，西芹70克，苹果90克，葡萄干30克，核桃仁50克

调料

淡奶油40克

做法

1 洗净的黄瓜对半切成长条，去籽，斜刀切块。
2 洗好的西芹切成两段，每段对半切成长条，再斜刀切块。
3 洗净的苹果对半切开，去核，切瓣，去皮，切块，待用。
4 取大碗，放入适量淡奶油，拌匀。
5 倒入切好的黄瓜块、西芹块。
6 放入切好的苹果块，拌匀食材。
7 将拌好的沙拉装入备好的盘中，掰碎核桃仁，放在沙拉上。
8 再在沙拉上撒上葡萄干，随意放些菜叶做装饰即可。

tips

苹果切好后入盐水中浸泡，能防止氧化变黑。

凉拌杂菜北极贝

加拿大 2分钟

原料

胡萝卜80克，黄瓜70克，北极贝50克，苦菊40克

调料

白糖2克，胡椒粉少许，芝麻油、橄榄油各适量

做法

1 将去皮洗净的胡萝卜切开，再切片。
2 洗好的黄瓜切开，改切片。
3 取一大碗，倒入胡萝卜片、黄瓜片。
4 放入备好的北极贝，加入少许白糖。
5 撒上适量胡椒粉，注入少许芝麻油、橄榄油。
6 快速搅拌一会，至食材入味。
7 另取一盘子，放入洗净的苦菊，铺放好。
8 再盛入拌好的食材，摆好盘即成。

tips
虾仁也可事先腌渍片刻，口感会更鲜嫩。

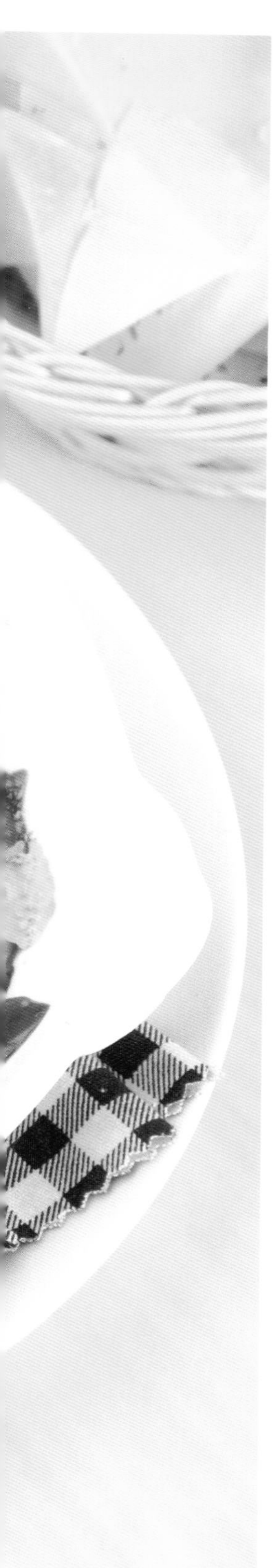

芝士焗饭

美国　11分钟

米饭180克
洋葱碎15克
胡萝卜丁8克
香肠粒40克
虾仁60克
芝士片2片
奶酪丁适量

鸡粉2克
盐2克
番茄酱适量
酸辣汁适量
橄榄油适量

1

处理好的虾仁切成小丁，待用。

2

热锅倒油烧热，放入香肠粒、虾仁，翻炒匀。

3

加入洋葱碎、胡萝卜碎，快速翻炒出香味。

4

放入鸡粉、盐，翻炒调味。

5

倒入米饭，快速翻炒松散。

6

倒入少许番茄酱、酸辣汁，翻炒至入味。

7

关火，将炒好的米饭盛出，装入备好的盘中，摆放上奶酪丁。

8

放上两片芝士片，放入烤箱。

9

以上火200℃，下火150℃，烤10分钟至入味，取出即可。

奥尔良风味披萨

美国　85分钟

原料

高筋面粉200克
酵母3克
黄油20克
水80毫升
鸡蛋1个
芝士丁40克
瘦肉丝50克
玉米粒40克
青椒粒40克
红彩椒粒40克
洋葱丝40克

调料

盐1克
白糖10克

做法

1 高筋面粉开窝，加入水、白糖，搅匀。

2 加入酵母、盐，搅匀，放入鸡蛋，搅散。

3 刮入高筋面粉，混合均匀。

4 倒入黄油，混匀，揉成纯滑的面团。

5 取一半面团，用擀面杖均匀擀至圆饼状面皮。

6 将面皮放入披萨圆盘中，使面皮与披萨圆盘完整贴合。

7 用叉子在面皮均匀地扎上小孔。

8 将处理好的面皮放置常温下发酵片刻。

9 发酵好的面皮上撒入玉米粒，加上洋葱丝。

10 放入青椒粒、红彩椒粒，加入瘦肉丝。

11 撒上芝士丁，制成披萨生坯。

12 预热烤箱，温度调至上、下火200℃，放入披萨，烤10分钟。

13 取出烤好的披萨即可。

热狗

美国　135分钟

高筋面粉500克，黄油70克，奶粉20克，鸡蛋50克，水200毫升，酵母8克，烤好的热狗4根，生菜叶4片，番茄酱适量

白糖100克，盐5克

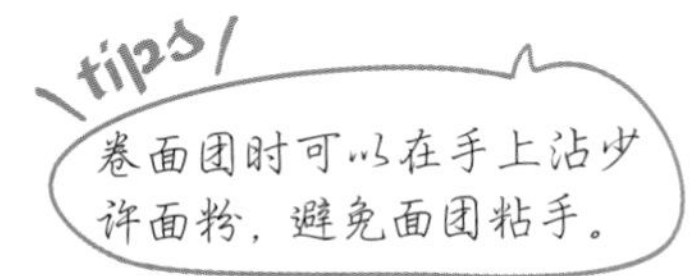

1. 将白糖、水倒入容器中，搅拌至白糖溶化，待用。
2. 把高筋面粉、酵母、奶粉倒在案台上开窝，倒入糖水，按压成形，加入鸡蛋，揉成面团。
3. 加入黄油、盐，揉成光滑面团，用保鲜膜包好，静置约10分钟。
4. 将面团分成数个60克一个的小面团，揉搓成圆形，擀平。
5. 将面团卷成卷，揉成橄榄形，放入烤盘中，使其静置发酵90分钟。
6. 将烤箱调为上火190℃、下火190℃，预热后放入烤盘，烤15分钟至熟，取出放凉。
7. 在面包中间直切一刀，但不切断，放入洗净的生菜叶。
8. 再放入烤好的热狗，挤入适量的番茄酱，装入盘中即可。

甜甜圈

美国　3分钟

原料

高筋面粉250克，酵母4克，奶粉15克，黄油35克，纯净水100毫升，蛋黄25克，糖粉适量

白糖50克，糖粉、食用油各适量

做法

1 将高筋面粉、酵母、奶粉倒在面板上，用刮板拌匀铺开。
2 倒入白糖、蛋黄，拌匀。
3 加入适量纯净水，搅拌均匀，用手按压成型。
4 放入黄油，揉至表面光滑，用擀面棍把面团擀薄。
5 用模具进行压制，制成数个甜甜圈生坯。
6 放入盘中，静置至其发酵至两倍大。
7 锅中注油烧热，放入甜甜圈生坯，小火炸至两面金黄，捞出炸好的材料，装盘待用。
8 取筛网，将糖粉筛在甜甜圈上，稍微放凉后即可食用。

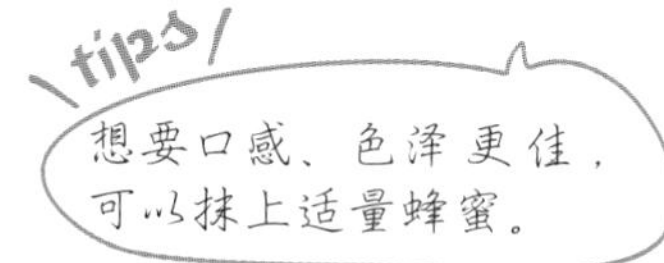

天然酵母原味贝果

美国　82小时40分

原料

高筋面粉450克
黄油20克

调料

白糖30克

tips

黄奶油融化后加入到面糊混合，可省时间。

做法

1

50克高筋面粉加70毫升清水，揉成面糊A，静置24小时。

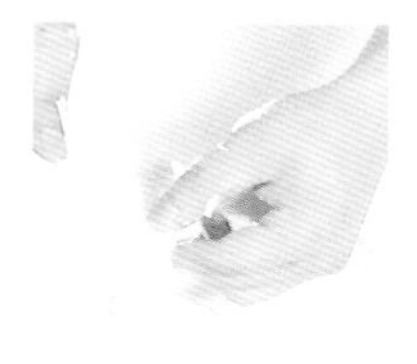

2

50克高筋面粉加50毫升清水，揉成面糊B。

3

再加入一半面糊A，混合均匀，揉成面糊C，静置24小时。

4

50克高筋面粉加50毫升清水，揉成面糊D。

5

加入一半面糊C，混合均匀，揉成面糊E，静置24小时。

6

100克高筋面粉加入170毫升清水，揉成面糊F。

7

加入一半面糊E，揉匀，用保鲜膜封好，静置10小时成天然酵母。

8

200克高筋面粉加入60毫升水、白糖、黄油，揉成面团。

9

取适量面团，加入少许天然酵母，揉匀，分两份，搓圆。

10

将剂子压扁，擀成面皮。

11

把面皮翻面，卷成长喇叭状。

12

将其首尾相连，制成生坯。

13

把生坯装入烤盘，待发酵至两倍大。

14

烤箱以上、下火190℃，预热5分钟，放入发酵好的生坯。

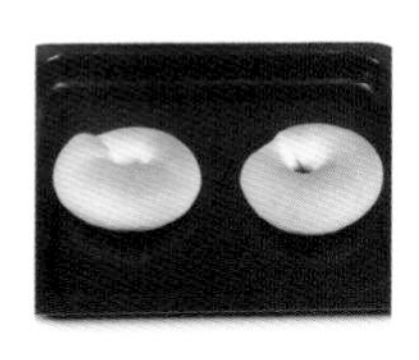

15

关上箱门，烘烤10分钟至熟，取出即可。

苹果派

美国 90分钟

原料

低筋面粉200克
牛奶60毫升
黄油150克
杏仁粉50克
鸡蛋1个
苹果1个

调料

白糖55克
蜂蜜适量

做法

1

低筋面粉中加入5克白糖、牛奶，搅拌匀。

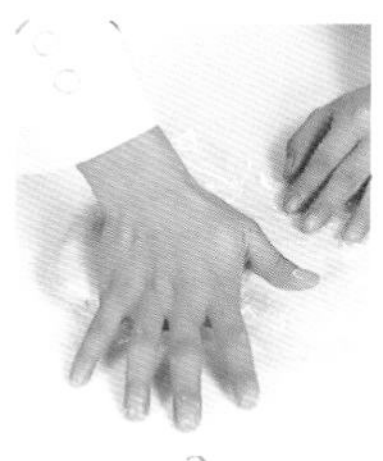

2

加100克黄油，用手和成面团。

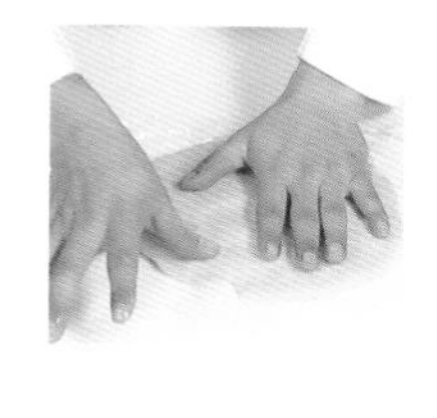

3

用保鲜膜将面团包好，压平，再放入冰箱冷藏30分钟。

4

取出面团，撕掉保鲜膜，压薄。

5

取派皮模具，盖上底盘，放上面皮，贴紧，切去多余的面皮。

6

将50克白糖、鸡蛋倒入容器中，快速拌匀。

7

加入杏仁粉、黄油，搅成糊，制成杏仁奶油馅，待用。

8

将洗净的苹果去核，切成薄片，放入淡盐水中，浸泡5分钟。

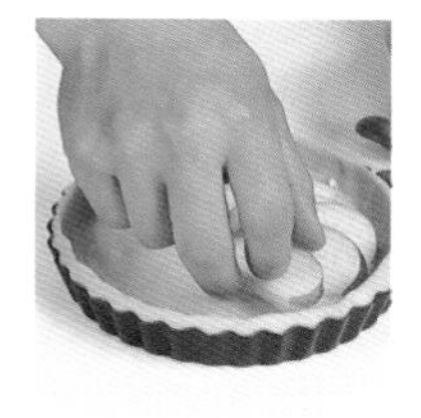

9

将杏仁奶油馅倒入模具内；苹果片摆放在派皮上。

10

倒入适量杏仁奶油馅，放进冰箱冷藏20分钟。

11

再放入烤箱，以上火180℃、下火180℃，烤30分钟至熟。

12

取出烤盘，拿出模具，将苹果派脱模后装入备好的盘中。

13

最后刷上适量蜂蜜即可。

浓情布朗尼

美国　27分钟

巧克力液70克，黄油85克，鸡蛋1个，高筋面粉35克，核桃碎35克，香草粉2克

白糖适量

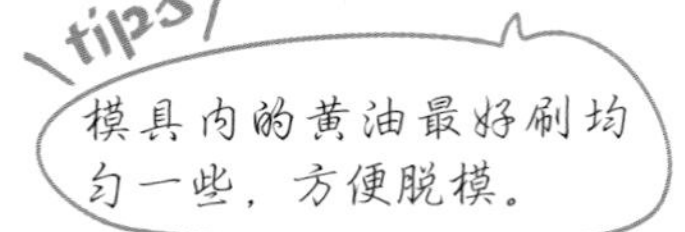

1 将白糖、黄油倒入容器中，搅拌均匀。
2 加入鸡蛋，搅散，撒上香草粉，拌匀，倒入高筋面粉，搅拌均匀。
3 注入巧克力液，拌匀，倒入核桃碎，匀速地搅拌一会儿，至材料充分融合，待用。
4 取备好的模具，内壁刷上一层黄油。
5 再盛入拌好的材料，铺平、摊匀，至六分满，即成生坯。
6 烤箱预热，放入生坯。
7 关好烤箱门，以上、下火均为190℃的温度烤约25分钟，至食材熟透。
8 断电后取出烤好的成品，放凉后脱模，摆在盘中即可。

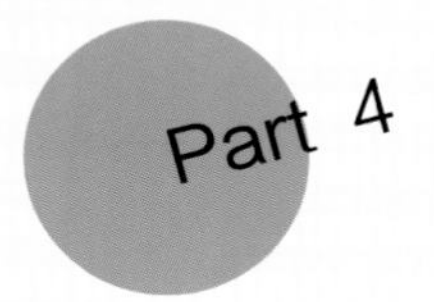

非洲风情美食，古朴中却不失异域风味

受地理环境、气候、文化的影响，非洲人民形成了热情、奔放、自由、质朴的特质。当这份特质融入到美食当中，就形成了独特的饮食文化。了解非洲各种美食，感受自然古朴之风，你还在等什么！

辣烤沙尖鱼

南非　20分钟

原料

沙尖鱼200克，柠檬30克

调料

孜然粉、烧烤粉各3克，辣椒粉5克，辣椒油10毫升，盐3克，烧烤汁5毫升，鸡粉、食用油各适量

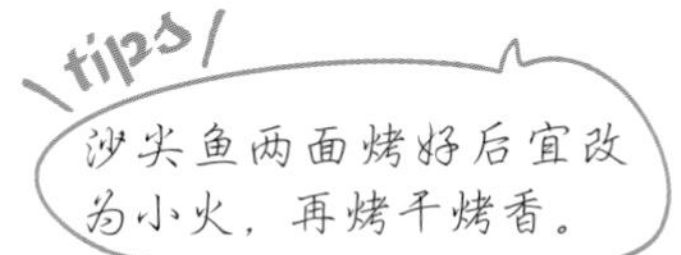

做法

1 将洗净的柠檬切成小块，待用。
2 把处理好的沙尖鱼装入碗中，挤入柠檬汁，加入鸡粉、辣椒粉、烧烤粉、盐、孜然粉、辣椒油、烧烤汁，搅拌匀，腌渍10分钟，至其入味，备用。
3 在烧烤架上刷适量食用油，将腌好的沙尖鱼平放在烧烤架上，用中火烤3分钟。
4 将沙尖鱼翻面，刷上少许食用油、烧烤汁。
5 在鱼肉上撒入少许辣椒粉，用中火烤3分钟。
6 再刷上食用油、烧烤汁，撒上适量孜然粉、辣椒粉，用小火烤1分钟。
7 将沙尖鱼翻面，刷上食用油、烧烤汁。
8 再撒上孜然粉、辣椒粉，用小火烤1分钟，将烤好的沙尖鱼装入盘中即可。

香辣青鱼

肯尼亚　12分钟

原料

青鱼1条

调料

盐3克，烧烤粉、辣椒粉各5克，烧烤汁8毫升，辣椒油8毫升，柠檬汁、白胡椒粉、孜然粉、食用油各适量

做法

1 将洗净的青鱼剔去大骨，去除鱼头鱼尾，切成两片，待用。
2 在鱼肉上撒入盐、烧烤粉、白胡椒粉、辣椒粉、孜然粉，淋入辣椒油、烧烤汁。
3 抹匀，腌渍至其入味，备用。
4 在烧烤架上刷适量食用油。
5 将腌好的青鱼放在烧烤架上，用小火烤5分钟至变色。
6 在鱼肉上挤入适量柠檬汁。
7 翻面，用小火续烤5分钟至熟。
8 将烤好的青鱼装入盘中即可。

牛肉土豆串

南非　8分钟

牛肉100克，土豆150克

黑胡椒粉2克，盐3克，鸡粉2克，橄榄油5毫升，生抽5毫升，烧烤粉5克，孜然粉5克，食用油适量

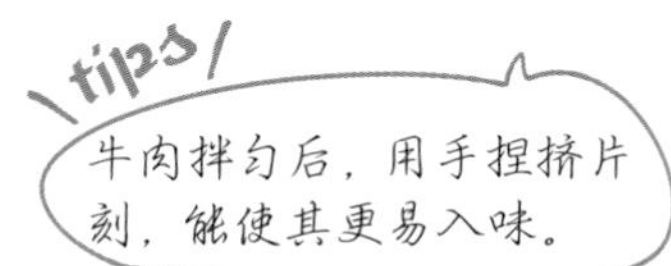

1. 将洗净去皮的土豆切片，再切条，改切成丁，待用。
2. 把洗净的牛肉切片，改切条，再切丁，装入碗中。
3. 放入适量盐、鸡粉、生抽、橄榄油，拌匀。
4. 加入适量黑胡椒粉，拌匀，腌渍至其入味。
5. 取一根烧烤针，将土豆、牛肉依次穿成串，备用。
6. 在烧烤架上刷适量食用油，把烤串放在烧烤架上，用中火烤3分钟至变色。
7. 在烤串上刷适量食用油，翻转烤串，并撒入适量烧烤粉、盐、孜然粉，续烤2分钟至熟。
8. 将烤好的牛肉土豆串装入盘中即可。

烤羊肉串

南非　6分钟

原料

羊肉丁500克

调料

烧烤粉5克，盐3克，辣椒油、芝麻油各8毫升，生抽5毫升，辣椒粉10克，孜然粒、孜然粉各适量

做法

1 将羊肉丁装入碗中，放入少许盐、烧烤粉、辣椒粉、孜然粉、芝麻油、生抽、辣椒油。
2 搅拌均匀，腌渍至其入味，待用。
3 用烧烤针将腌好的羊肉丁穿成串，备用。
4 在烧烤架上刷适量芝麻油。
5 将羊肉串放到烧烤架上，用大火烤2分钟至上色。
6 将羊肉串翻面，撒入适量孜然粒、辣椒粉，用大火烤2分钟至上色。
7 一边转动羊肉串，一边撒入适量孜然粉、辣椒粉。
8 将烤好的羊肉串装入盘中即可。

烤羊全排

几内亚　40分钟

羊排1000克，洋葱丝20克，西芹丝20克，蒜瓣5克，迷迭香10克

盐8克，蒙特利调料10克，橄榄油30毫升，鸡粉3克，生抽10毫升，黑胡椒碎适量

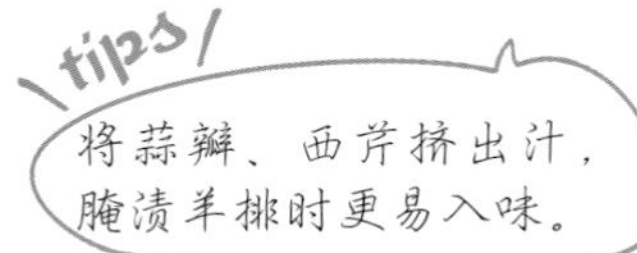

做法

1. 在洗净的羊排前端切去羊皮与肉，将羊排骨头中间相连的肉切去。
2. 在羊排上端部分，沿着骨头切开，并砍去骨头，将羊皮完全剔除，洗净。
3. 将蒜瓣、西芹丝、洋葱丝用手捏挤片刻，把迷迭香楸碎，放在羊肉上。
4. 加入黑胡椒碎，撒入适量盐、蒙特利调料、生抽、橄榄油、鸡粉，抹匀，腌渍至入味，放入铺有锡纸的烤盘中。
5. 将烤箱温度调成上火250℃、下火250℃，烤盘放入烤箱，烤15分钟，取出烤盘。
6. 将羊排翻面，再次将烤盘放入烤箱，继续烤10分钟。
7. 取出烤盘，将羊排翻面，入烤箱，再烤5分钟至熟。
8. 从烤箱中取出烤盘，并拿出羊排，装入盘中即可。

咖喱鸡肉串

毛里求斯　7分钟

原料

鸡腿肉300克

调料

盐3克，咖喱粉15克，辣椒粉、鸡粉各5克，花生酱10克，食用油适量

做法

1 将洗净的鸡腿去骨、去皮，再切成小块，装入碗中。
2 撒入适量盐、鸡粉、辣椒粉、咖喱粉，再倒入适量食用油、花生酱。
3 拌匀，腌渍至其入味，待用。
4 用烧烤针将腌好的鸡腿肉穿好，备用。
5 在烧烤架上刷适量食用油。
6 放上鸡腿肉串，用中火烤3分钟至变色。
7 翻面，刷上适量食用油，用中火烤3分钟至熟。
8 再稍微烤一下，将烤好的鸡腿肉装入盘中即可。

tips

用叉子在鸡腿肉上插洞，更易熟透、入味。

嫩炒鹰嘴豆

南非　7分钟

鹰嘴豆20克，柠檬30克，香菜少许

盐、黑胡椒粉各2克，辣椒粉3克，椰子油3毫升

1 洗净的香菜切成末，装碗待用。
2 锅中注水烧开，放入洗净的鹰嘴豆，煮约2分钟至断生。
3 捞出断生的鹰嘴豆，放入凉开水中降温。
4 将浸凉的鹰嘴豆沥干水分，装碗，待用。
5 锅置火上，倒入椰子油，烧热。
6 倒入浸凉的鹰嘴豆，翻炒约2分钟至香味飘出，加入盐，翻炒约2分钟至熟透。
7 关火后盛出炒好的鹰嘴豆，装盘，再撒入少许辣椒粉、黑胡椒粉。
8 盘子一端放上切好的香菜末，摆上柠檬，食用时挤入柠檬汁即可。

蜜汁烤玉米

南非　10分钟

原料

玉米2根

调料

蜂蜜10克，食用油适量

做法

1 在烧烤架上刷适量食用油。
2 将洗净的玉米放到烧烤架上。
3 在玉米表面刷上少许食用油，用中火烤2分钟至变色。
4 每隔1分钟翻转一次玉米，并刷上适量食用油、蜂蜜，至玉米熟透。
5 把烤好的玉米装入盘中。
6 再将烤好的玉米切成小段，装入盘中即可。

玉米燕麦粥

 南非 5分钟

原料

玉米粉100克，燕麦片80克

做法

1 取一干净的碗，倒入玉米粉，注入适量清水。
2 用筷子将其搅拌均匀，制成玉米糊，待用。
3 砂锅中注入适量清水，大火烧开，再倒入备好的燕麦片。
4 加上盖，大火煮3分钟至燕麦片熟透。
5 揭开盖，加入拌好的玉米糊，搅拌均匀。
6 稍煮片刻至食材熟软。
7 关火后将煮好的粥盛出，装入碗中即可。

tips

在煮粥的时候需要不停地搅拌，以免煳锅。

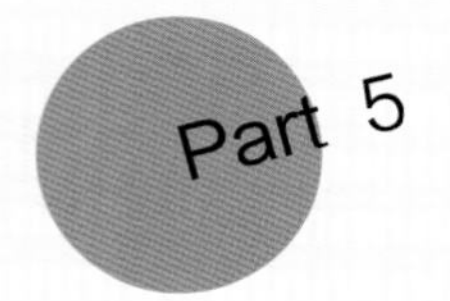

探秘大洋洲，品味大自然的美食馈赠

大洋洲是最小的大洲，靠近印度洋、太平洋，多属于海洋性气候。大洋洲的美食不胜枚举，人们熟知的就有澳洲龙虾、鲍鱼、牛排等等，这是视觉和味觉上的盛宴。这也是本章要讲述的“故事”。

龙虾汤

澳大利亚　72分钟

原料

澳洲龙虾1只（100克）
去皮胡萝卜70克
西芹60克
洋葱60克
口蘑20克
淡奶油30克
罗勒碎10克
牛奶60毫升
黄油20克

盐1克
鸡粉1克
白兰地酒5毫升
水淀粉10毫升
太白思高辣椒汁5毫升
橄榄油适量

做法

1

洗净的西芹一半切成块，一半切成丁；胡萝卜少许切丝，剩余切成丁。

2

洗净的洋葱一半切成丝，一半切成丁；洗好的口蘑切成片。

3

处理干净的龙虾取出龙虾肉，将龙虾身、龙虾头切块。

4

锅置火上，放入备好的黄油，加热至溶化。

5

放入西芹块、胡萝卜丝和洋葱丝，炒半分钟。

6

放入龙虾壳、龙虾头，炒1分钟至转色。

7

淋入白兰地酒，炒出香味，注入约600毫升清水。

8

煮1小时至汤味香浓，盛出装入碗中待用。

9

锅注入橄榄油烧热，放入胡萝卜丁、西芹丁、洋葱丁和口蘑片。

10

倒入罗勒碎，炒香，放入龙虾肉，炒半分钟至转色。

11

倒入汤汁，搅匀，煮约2分钟至入味。

12

加入水淀粉，搅匀，加入太白思高辣椒汁。

13

放入适量盐、鸡粉，搅匀入味，倒入牛奶、淡奶油，搅至汤汁变白，盛出即可。

土豆胡萝卜龙虾汤

澳大利亚　35分钟

原料

澳洲龙虾1只（170克），土豆碎50克，胡萝卜碎40克，芹菜叶20克，黄油15克

调料

盐、胡椒粉各1克，白葡萄酒10毫升，鸡汁适量

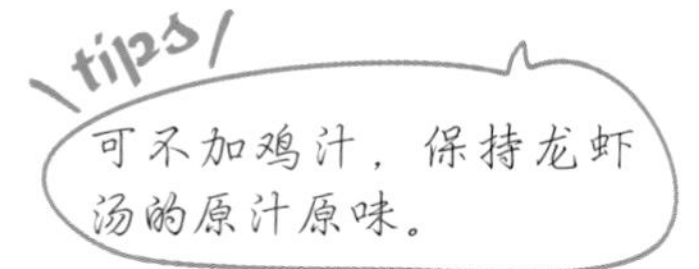

做法

1. 洗净的芹菜叶切碎；处理干净的龙虾取出龙虾肉，切碎。
2. 锅置火上，放入黄油，加热至微溶，放入切碎的龙虾肉，翻炒约1分钟至转色。
3. 加入白葡萄酒，翻炒数下至酒精挥发。
4. 倒入土豆碎、胡萝卜碎，翻炒半分钟至微软。
5. 注入少许清水至没过食材，搅匀，用大火煮开后转小火续煮30分钟至入味。
6. 加入盐、胡椒粉，搅匀调味，放入鸡汁，搅匀。
7. 稍煮片刻至汤汁鲜美。
8. 关火后将汤汁装碗，放入切碎的芹菜叶即可。

双味生蚝

新西兰　15分钟

原料

生蚝2个（240克），蒜末40克，芝士丁50克，培根丁60克，黄油40克，面粉10克

调料

白葡萄酒3毫升，盐、鸡粉各3克，黑胡椒粉2克

tips

生蚝放入淡盐水中浸泡，可使其吐净泥沙。

做法

1. 取一碗，放入生蚝肉、盐、鸡粉、白葡萄酒，腌渍10分钟，加入面粉，拌匀。
2. 热锅放入20克的黄油，加热至其溶化，放入生蚝，煎至金黄色，放入生蚝壳中。
3. 另起锅烧热，倒入培根丁，炒香，盛出铺放在第一个生蚝肉上，撒上30克的芝士丁，倒入剩下的黄油，加热溶化。
4. 加入蒜末，爆香，撒上盐、鸡粉、黑胡椒粉，炒匀。
5. 倒入剩下的芝士丁，加热至溶化，盛出铺放在第二个生蚝肉上，待用。
6. 烤箱摆放在台面上，打开烤箱门，将两个生蚝放在其中。
7. 关上箱门，将上管调至200℃，功能选择双管发热图标，下管调至180℃，时间刻度调至10分钟，开始烤制。
8. 打开烤箱门，取出烤好的生蚝即可。

蒜蓉香草牛油烤龙虾

澳大利亚　22分钟

原料

澳洲龙虾1只（200克）
牛油50克
百里香10克
蒜末30克

调料

盐2克
鸡粉1克
胡椒粉2克
黑胡椒粉2克
白兰地酒15毫升

做法

1

处理干净且对半切开的龙虾肉加1克盐、胡椒粉、5毫升白兰地酒。

2

腌渍至祛腥味。

3

锅置火上，放入15克牛油，加热至微融。

4

放入腌好的龙虾，煎约1分钟至转色。

5

加入10毫升白兰地酒，续煎半分钟至吸收酒香。

6

关火后将煎至半熟的龙虾装入盘中，待用。

7

洗净的锅置火上，再放入剩余的牛油，加热至微融。

8

掰下百里香叶子，放入锅中，倒入蒜末。

9

翻炒2分钟至香味飘出，中途可视情况再加入牛油增香。

10

加入1克盐，放入鸡粉、黑胡椒粉，炒匀调味。

11

关火后将炒好的蒜末铺在半熟的龙虾上。

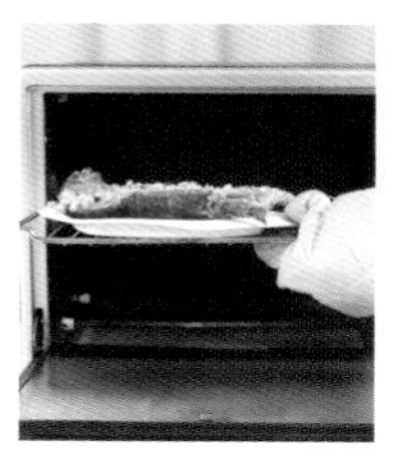

12

龙虾放入烤箱，以上火200℃、下火200℃烤15分钟，取出。

13

将龙虾放入盘中，摆好即可。

tips
可根据自家烤箱的火力
情况调整烤制时间。

芝士焗龙虾

澳大利亚　17分钟

澳洲龙虾1只（140克）
芝士片2片
柠檬片2片
面粉20克
黄油40克

盐1克
鸡粉1克
胡椒粉2克
白兰地酒20毫升

1

龙虾肉装碗，挤入柠檬汁。

2

加入盐、鸡粉、胡椒粉，将调料拌匀。

3

加入面粉，拌匀，腌渍至龙虾肉入味。

4

锅置火上，放入20克黄油，加热至微融。

5

放入处理好的龙虾头、龙虾壳，稍煎片刻。

6

倒入白兰地酒，煎约半分钟至酒精挥发。

7

关火后将煎好的龙虾头、龙虾壳摆盘，待用。

8

洗净的锅置火上，放入剩余的黄油，加热至其微融。

9

再放入腌好的龙虾肉，煎约半分钟至底部转色，翻面。

10

续煎半分钟至外观微黄，放入龙虾壳中，放上芝士片。

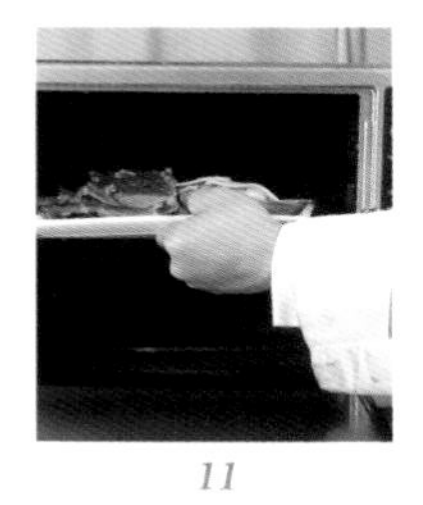

11

放入烤箱，以上火200℃、下火200℃烤10分钟即可。

烤黑椒西冷牛排

澳大利亚　9分钟

原料

牛排200克

调料

盐3克，鸡粉3克，橄榄油8毫升，生抽5毫升，黑胡椒碎、食用油各适量

做法

1 用剪刀将牛排筋剪断。
2 在洗净的牛排两面均匀地撒入适量盐、鸡粉、黑胡椒碎，淋入适量橄榄油，并抹匀。
3 在牛排上放入适量生抽，腌渍至其入味，备用。
4 在烧烤架上刷适量食用油。
5 将腌好的牛排放在烧烤架上，用中火烤3分钟至上色。
6 翻面，用中火烤3分钟至上色，刷上适量食用油、生抽。
7 再翻面，用中火续烤1分钟至熟。
8 将烤好的牛排装入盘中即可。

tips

不宜多次翻面，否则易使牛排变老。

黑椒煎牛排

新西兰　7分钟

原料

腌渍牛排300克，西红柿100克，圆椒90克，洋葱40克，黑胡椒牛排酱30克

调料

橄榄油适量

做法

1 洗净的西红柿切开，去蒂，切成片，待用。
2 处理好的洋葱切开，切成丝。
3 洗净的圆椒切成大圈。
4 将切好的三种蔬菜摆入盘中，待用。
5 锅中倒入橄榄油烧热，放入牛排。
6 翻面，将牛排煎至七分熟。
7 倒入备好的黑胡椒牛排酱，煎至片刻至入味。
8 关火后将煎好的牛排盛出，装入摆有蔬菜的盘中即可。

黑椒羊排

 新西兰  4分钟

原料

羊排300克，蒜末5克，洋葱碎8克，蒙特利牛排料5克，黑胡椒2克

调料

橄榄油适量

做法

1 取一个大碗，放入羊排、蒜末、洋葱碎。
2 再加入蒙特利牛排料、黑胡椒、适量橄榄油，抓匀腌渍至入味。
3 热锅注入橄榄油烧热，放入腌渍好的羊排。
4 煎出香味后将其翻面，将两面煎成金黄色。
5 继续煎片刻，至羊排入味。
6 关火，取一个盘子，做上装饰。
7 将煎好的羊排放入装饰好的盘中即可。

tips

羊肉有膻味，食用时可搭配清爽的青酱食用。